Carine Paquin & Chloé Varin

la théorie ratée de l'évolution

1 - Principes de base

Kennes

Retrouvez-nous sur www.kenneseditions.com

Rejoignez-nous sur notre page Facebook: www.facebook.com/KennesEditions

Suivez-nous sur notre compte Instagram: kenneseditions

Rue de la Blanche Borne 15
6280 Gerpinnes (Loverval) – Belgique

Directrice littéraire: Marie-Pascale Danis
Auteures : Carine Paquin et Chloé Varin
Correcteurs : Dörte Ufkes et Jean Boilard
Directrice artistique: Shirley de Susini
Conception de la couverture: Shirley de Susini
Image de couverture: shutterstock.com
Mise en page: Diane Marquette

Adaptation : Benjamin Schwanen

Dépôt légal : février 2023 – D/2023/13.105/14
Loi n° 49-956 du 16 juillet 1949 sur les publications destinées à la jeunesse
ISBN : 978-2-3807-5848-1
NUART : 88-2635-9

Imprimé en Europe

À nos enseignants du secondaire
qui nous ont fait vivre l'enfer, lisez ce livre.

À tous les autres, merci !
(Rien ne vous empêche de lire ce livre aussi.)

AVANT-PROPOS

L'histoire relatée dans ce livre se passe principalement entre les murs du Collège Charles-Darwin. Cette école particulière se situe au Québec, belle province francophone du Canada.

Étant donné cette particularité géographique, certaines réalités et références peuvent être différentes de ce que l'on connaît en France ou en Belgique. Pour faciliter votre compréhension, voici une explication du système scolaire québécois.

Au Québec, on fréquente l'école primaire pendant six ans, de la première à la sixième (de 6 à 12 ans). On passe ensuite à l'école secondaire pendant cinq ans, de la première à la cinquième (de 12 à 17 ans).

Une fois le diplôme d'études secondaires obtenu, ceux qui le désirent peuvent poursuivre leurs études pendant deux ans au cégep (collège d'enseignement général et professionnel). Le diplôme d'études collégiales permet notamment d'aller à l'université.

L'éditeur

Collège
Charles-Darwin

En primaire, tu collectionnais les billets de comportement, les mauvaises notes ou les retenues ? Tu as passé plus de temps dans le couloir à imaginer ta fuite de l'école que dans la classe à écouter les enseignants ?

Tu rêves d'un endroit où les adultes peuvent te comprendre et t'aider, et tu n'as pas l'impression d'avoir ta place dans un établissement scolaire ?

Mais surtout, tu adores les chats ou les chiens ?

Le **Collège Charles-Darwin** est peut-être fait pour toi. Notre école est la seule qui ne regardera pas tes résultats scolaires pour t'accepter et, en plus, tu pourras venir y vivre avec ton animal de compagnie !

Depuis 1980, le **Collège Charles-Darwin** mise sur la zoothérapie, les relations humaines et le renforcement positif pour motiver les jeunes à réussir leurs secondaires dans un climat encadrant, prévisible, amusant et aimant.

Au CCD, tu évolueras et trouveras ta place à l'école comme dans la vie !

Collège
Charles-Darwin

Chère Coralie April,

Nous avons l'honneur de vous informer que vous avez été admise au **Collège Charles-Darwin** en première secondaire. Il y aura une soirée d'information pour vos parents le 20 août prochain et nous vous attendons, vous et votre animal, Harry, le 27 août pour la rentrée officielle.

Albert Sioui Roberge

Directeur

Collège
Charles-Darwin

Chère Carma Martin,

Nous avons l'honneur de vous informer que vous avez été admise au **Collège Charles-Darwin** en première secondaire. Il y aura une soirée d'information pour vos parents le 20 août prochain et nous vous attendons, vous et votre animal, Chava, le 27 août pour la rentrée officielle.

Albert Sioui Roberge

Directeur

Août

chapitre 1

LE PREMIER JOUR DU RESTE DE MA VIE

— MAMAAAANN !!! MAMAAAAN ! T'as mis où mon sac bleu ?

— J'y ai pas touché, Coralie ! Regarde dans ta chambre.

Je monte les marches deux par deux. Où est-ce que j'ai foutu mon sac à dos ? Il n'est ni dans la voiture ni dans l'entrée, et il me le faut absolument : j'y ai rangé mon ordinateur, mes AirPods et ma Switch. Pas question que je parte sans tout ça !

J'entre dans ma chambre, il est sur mon lit. J'étais pourtant certaine d'avoir ramassé tout ce que je devais apporter. Je soupire, enfile un bras dans la bretelle et je crie :

— OK ! Je l'ai ! Je suis prête.

Je redescends l'escalier aussi vite que je viens de le grimper et je m'arrête dans la cuisine devant ma mère, qui termine de ranger le petit-déjeuner.

— T'es certaine, Coco, que tu as tout mis dans l'auto ?

— Euh, oui. J'ai mon sac à dos, j'ai déjà rentré ma valise, mon oreiller et la caisse en carton.

— T'as pensé aux affaires de ton chien, aussi ?

— Ah ! Merde ! J'ai oublié.

Je lâche mon sac à dos sur le sol et je cours dans la buanderie pour prendre la nourriture de mon chien, ses os à mâchouiller et le liquide pour nettoyer ses oreilles. Je reviens dans ma chambre, j'attrape son coussin, sa peluche et sa laisse. Je fourre tout ça dans un sac poubelle noir que je prends dans la cuisine.

— Franchement, Coco, tu pourrais trouver un autre sac.

— Qu'est-ce que ça change ? Un sac, c'est un sac.

Ma mère fait un drame pour un rien, elle veut toujours que tout soit fait à sa façon, c'est énervant. Je sors de la maison, je fais monter mon chien dans sa cage rangée dans le coffre arrière de la voiture et je mets son sac par-dessus. Je reviens à l'intérieur.

— C'est bon, j'ai tout !

Ma mère attrape les clés de la voiture, mon père est déjà dehors en train de ranger tout ce que j'ai lancé dans l'auto. Je m'assieds sur la banquette arrière, mes parents montent devant.

Mon père me regarde dans le rétroviseur.

— Prête, ma poulette ? T'es certaine que tu n'oublies rien ? Parce que l'école est à trois heures de route...

Je regarde mon pantalon d'uniforme. Ah ! Merde ! Je me suis salie en mettant mes affaires dans l'auto.

— Beurk ! Faudrait vraiment que tu laves la voiture, papa, c'est dégueu.

Il fait chaud ici, je commence à m'impatienter. Est-ce que mon père va finir par tourner la clé, que j'abaisse ma fenêtre ? J'appuie sur le bouton en soupirant...

— J'ai chaud, démarre avant que je suffoque !

Mon père tourne enfin la clé. Ouf ! Je respire un peu mieux ! J'aurais pu mettre la jupe à carreaux pour avoir moins chaud, mais le style jupette de collégienne, c'est pas trop mon truc. Déjà que le veston noir et la chemise blanche me donnent l'impression d'être une avocate ennuyeuse ! Et la cravate à carreaux, BEURK ! J'en desserre le nœud, ça doit être lui qui m'étouffe...

Nous reculons dans la rue, je sors mon téléphone de ma poche pour écouter ma musique. Je cherche mes AirPods. Merde !

— STOOOP ! J'ai oublié mon sac à dos.

Mes parents poussent un long soupir.

— Ben quoi, n'exagérez pas, vous aussi, vous oubliez parfois des affaires.

Mon père revient dans l'entrée, je m'empresse de retourner dans la maison pour prendre mon sac et je remonte dans la voiture.

— OK, c'est bon.

Ma mère demande :

— T'es certaine que tu as tout, cette fois ?

— Mais oui.

— Tu as ta valise ?

— Oui...

— Ton oreiller ?

— Oui...

— Ta caisse ?

Je soupire et je roule les yeux, elle vient juste de me demander tout ça.

— J'AI TOUT, J'AI DIT !

— Reste polie, Coralie, je veux seulement t'aider. As-tu aussi ta lettre avec les informations pour ton numéro de chambre et tout ?

— Ah ! Merde, non ! Pourquoi tu ne m'as pas dit qu'il me la fallait ?

Je pousse la porte de la voiture et je retourne dans la maison en courant. Franchement, c'est quoi cette idée d'envoyer une lettre papier ? Il me semble qu'un mail aurait fait l'affaire, et en plus, ça ne s'oublie pas sur sa table de travail, un mail ! Si ma mère m'avait dit de la mettre dans mon sac, aussi ! Je l'aurais mise.

Je reviens à la voiture. J'en ai marre d'être encore ici ! Je bougonne :

— On peut partir, maintenant ?

Mon père se tourne pour me parler.

— À toi de nous le dire, est-ce que tu as tout ?

— OUUIIIII !!!

Nous reculons enfin pour de bon, il était temps ! Je sors mes écouteurs, je les enfonce dans mes oreilles ; trois heures de route, ça passe plus vite avec de la bonne musique.

Est-ce que j'ai envie d'aller dans cette nouvelle école ? Oui et non ! Est-ce que j'ai le choix ? Pas vraiment ! Selon mes parents, c'est la meilleure option. Les écoles traditionnelles ne sont pas faites pour moi, je le sais, j'ai toujours été la plus turbulente de ma classe et aucun prof ne me supporte. Mes parents m'ont convaincue d'essayer le Collège Charles-Darwin un an, pour mon secondaire un. Après, on verra. Il paraît que là-bas, je serai comprise... J'en doute !

Fréquenter une école privée alternative qui fait de la zoothérapie, c'est quand même cool, mais y être pensionnaire, ça l'est bien moins. Heureusement, c'est une école mixte ! Avec de la chance, il y aura quelques garçons intéressants, et comme je dors là-bas, on pourra faire des escapades de nuit.

Sauf que je serai loin de tous mes amis, loin de ma chambre, de ma vie. Au moins, j'ai mon chien Harry avec moi, parce que dans ma nouvelle école, je vais étudier avec lui ! Et ça, c'est trop extra ! Il vivra avec moi et me suivra en classe. C'est la raison qui m'a fait accepter d'y aller.

Mon chien, c'est un griffon Korthals, une bête réputée pour ses performances de chien d'arrêt et de pointeur. Pour ceux qui ne savent pas ce que ça signifie, je dis juste que c'est un chien de chasse. Mais je trouve que « chien de chasse », ça ne fait pas honneur à son talent. Harry a un odorat de champion, des réflexes de maître et une énergie du tonnerre. C'est d'ailleurs le seul qui arrive parfois à me fatiguer. Lui et mon grand frère, Nicolas, qui fait de la compétition de ski acrobatique. Nic, le grand sportif adoré de la famille. Heureusement, depuis qu'il est au cégep, il vit en appartement et ça me permet de souffler ! Je l'aime, mon frère, mais disons qu'à côté de lui, je suis l'enfant ratée, celle que mes parents ont faite sans le vouloir, en état d'ébriété.

La voiture tourne enfin dans une longue allée gazonnée, on est arrivés ! J'avais été impressionnée le jour des portes ouvertes, l'an passé, et je le suis encore cette année. L'école a l'air d'un château, c'est incroyable !

Je me tourne vers ma grosse boule de poils préférée et je crie :

— Bienvenue à Poudlard, Harry !!

J'éclate de rire.

J'enlève mes écouteurs, mon pied drible sur le plancher de la voiture, mes doigts pianotent. Non il n'y a plus de musique dans mes oreilles, je n'en ai pas besoin, des rythmes jouent constamment dans ma tête. Ma vie est un film accompagné d'une bande sonore merdique. Je dis merdique parce que je ne choisis pas toujours les chansons qui m'habitent, ce sont elles qui s'imposent à moi. Ça arrive qu'elles soient nulles à mort! L'autre jour, j'ai chanté pendant trois heures : « Un oiseau, sur une branche, faisait pipi, ma chanson n'est pas longue, elle est finie, mais pour vous emmerder, je vais la recommencer ! » Parfois, je m'épuise.

Harry commence à s'agiter, il sait que c'est le moment de sortir de la voiture. Il est toujours un peu nerveux dans les endroits trop restreints. Comme moi, d'ailleurs. Je sors de l'auto, je n'écoute pas mes parents qui me disent d'attendre avant de libérer mon chien, j'ouvre la porte du coffre, ensuite celle de la cage et Harry détale comme une flèche.

Moi, je sautille sur place, je fais quelques roues dans le gazon. Je n'en pouvais plus d'être assise à ne rien faire ! Soudain, j'entends des cris et je vois des gens au loin qui s'agitent. J'aperçois mon griffon qui court vers moi à vive allure avec une traînée de personnes qui le suivent. C'est exagéré, comme accueil.

Quand mon chien arrive près de moi, je réalise qu'il a un chat dans la gueule !

— HARRY ! NON ! Mais où as-tu trouvé ça ?

chapitre 2

MAUVAIS KARMA

ÇA, c'est mon chat. Dans la gueule d'un gros chien fou. J'ai l'impression que la question me parvient de tellement loin, pourtant la fille (le garçon ?) qui demande à son Harry où il a « trouvé ça » se tient droit devant moi, les bras croisés.

Il faut faire quelque chose, ce n'est pas le moment de croiser les bras ! CE SALE CHIEN VA TUER MON CHAT ! ! ! Ses miaulements plaintifs sont insupportables, elle souffre le martyre, c'est évident ! Je voudrais agir, mais je suis figée sur place. Incapable de bouger. Si Chava se fait bouffer tout rond, ce sera à cause de moi. J'aurais donc dû écouter ma mère et enfermer *mi gatita* dans sa cage de transport, bien qu'elle déteste ça. Ma négligence pourrait lui coûter la vie. Mon chat pourrait mourir en direct, sous mes yeux, avant que j'aie pu réagir. Je ne m'en remettrais jamais. Inconsolable, je sombrerais dans une grave dépression et cesserais de m'alimenter pour me punir de n'avoir rien fait pour la sauver. Je maigrirais à vue d'œil jusqu'à disparaître complètement, avalée par mon chagrin, puis je...

– Détends-toi, ton chat n'est même pas blessé, m'assure la fille aux cheveux courts. Harry est un chien d'arrêt pointeur, il rapporte, mais il ne tue jamais ses proies.

C'est censé me rassurer ? ! La maîtresse du chien fou force ce dernier à ouvrir la gueule pour libérer Chava de sa prison de crocs. Elle me la tend à bout de bras. Ma pauvre bête ! Elle paraît encore plus maigrichonne avec son poil couvert de bave... Je m'empresse de la reprendre pour la serrer contre moi. Son petit cœur bat si vite... Le mien aussi, d'ailleurs. Loin de se calmer, mon rythme cardiaque s'accélère tandis que je prends conscience qu'un groupe de curieux s'est formé autour de nous. Dire qu'il y a quelques minutes à peine, je me réjouissais de la facilité avec laquelle j'avais réussi à me fondre dans la masse ! Mon arrivée au Collège Charles-Darwin était passée totalement inaperçue, à ma plus grande satisfaction.

Mes parents m'ont déposée devant l'école pile à l'heure suggérée par la direction dans ma lettre d'information. La ponctualité est une méthode testée et approuvée dans l'art de passer sous le radar. Je le sais, car j'excelle là-dedans (à chacun ses talents !). Comme je ne suis jamais tout à fait moi-même en compagnie des jeunes de mon âge, j'ai appris à m'effacer pour qu'on oublie ma présence. Et ça fonctionne très bien ! La preuve : personne ne s'est retourné quand j'ai intégré le groupe d'élèves et d'animaux agglutinés sur le terrain de l'école. Personne n'a réagi lorsque j'ai déposé la cage de transport au sol et que ma belle Chava a pointé le bout de son museau gris dehors. Nul n'a protesté quand j'ai tiré sur le cordon qui dépassait du sac à dos de la personne à côté de moi et que je lui ai subtilisé sa clé USB pour le simple plaisir de tester mes pouvoirs d'invisibilité. Ni vue ni connue !

Tout fonctionnait comme prévu... jusqu'à ce que ce chien, surgi de nulle part, prenne mon chat pour cible et l'attrape par la peau du cou pour l'entraîner avec lui dans sa course jusqu'au parking. De quel droit s'est-il permis de traîner Chava comme un vulgaire jouet à mâchouiller ? Ce vilain toutou semble aussi mal élevé, indomptable et négligé que sa maîtresse à la chemise fripée et au pantalon tout taché. Elle a beau porter l'uniforme du collège, on dirait plutôt qu'elle est habillée pour se battre dans la boue avec des cochons.

Je tourne le dos au duo et m'apprête à repartir d'où je viens quand j'entends la fille dire à son chien :

– T'en fais pas, Harry, son chat est tellement laid, c'est normal que tu te sois trompé… T'as dû le prendre pour un rat !

Je me sens bouillir de l'intérieur. J'aurais envie de sortir les griffes pour les défigurer tous les deux, mais les témoins sont trop nombreux. J'ai déjà suffisamment attiré l'attention pour aujourd'hui. Il vaudrait mieux chercher à me faire oublier. La mâchoire crispée, je prends une grande inspiration pour me retenir de répliquer, et je passe mon chemin avec Chava lovée dans mes bras. Ma douce minette n'a rien d'un rat, à part (peut-être) la couleur du pelage. Elle a l'élégance des félins de sa race. C'est une bleu russe, même si elle est grise et qu'elle vient d'Espagne. C'est compliqué et contradictoire… à l'image de mes origines à moi. Je suis moitié indienne, moitié guatémaltèque, mais j'ai grandi au Mexique et au Québec.

Tandis que je me dirige vers l'imposant bâtiment du Collège Charles-Darwin, je me dis que cette école est assez grande pour que je puisse éviter sans problèmes la fille aux allures de garçon et son stupide chien.

Une jeune femme en vêtements de yoga vient à ma rencontre sur le terrain.

– Bonjour, Carma ! Je suis Vanessa, mais tu peux m'appeler Vaness. C'est moi, ta personne-ressource, ici. Ton éducatrice. Ou ta grande sœur, si tu préfères !

Aucune chance que je l'appelle Vaness et que je la considère comme une grande sœur. Je préfère me débrouiller seule, merci. Je n'ai besoin de l'aide de personne, sauf peut-être pour trouver ma chambre et y transporter mes bagages, laissés sans surveillance... OH. MON. DIEU ! J'espère qu'on ne me les a pas volés ! ! ! Mais non, c'est ridicule, tout le monde ici semble avoir des parents riches à craquer. Qui oserait prendre ce qui ne lui appartient pas ?

MOI.

Oui, mais Carma, les gens ne sont pas tous aussi voleurs que toi...

J'essaye de faire taire cette petite voix dans ma tête alors que Vaness-avec-un-a-facultatif se fait un malin plaisir d'énumérer en long et en large les règlements de l'établissement et de m'expliquer en détail le déroulement de la journée. Je n'écoute que d'une oreille, jusqu'à ce que l'éducatrice propose de me conduire au pavillon C, là où se trouvent les chambres des filles.

J'acquiesce en bégayant :

– Je... euh... je vais juste aller chercher mes aff... mes affaires là-bas.

Tais-toi, Carma. T'as l'air ridicule.

La petite voix dans ma tête ne bégaye pas, elle. C'est la même histoire à chaque fois : dès que je suis nerveuse ou que je dois m'adresser à quelqu'un que je ne connais pas, ma voix se met à sauter comme les vieux vinyles rayés de la collection de papa.

Par chance, mes bagages n'ont pas bougé d'un poil. Je pousse un soupir de soulagement en les récupérant. Vanessa saisit mon plus gros sac de voyage sur son dos, que je devine bien musclé à voir la facilité avec laquelle

elle le soulève. Elle m'entraîne vers l'entrée du pensionnat. Sur le chemin jusqu'à la chambre, je regarde tout autour de moi : les adultes qui discutent entre eux, le sol au carrelage inégal, le plafond en boiserie, les immenses fenêtres donnant sur l'allée bordée d'arbres bien taillés, le saint-bernard qui bave, les escaliers majestueux, le lustre passé de mode, une famille beaucoup trop émotive, le pantalon trop court de l'homme qui vient de passer en sifflotant, l'odeur d'eau de javel dans le couloir, les photos des élèves de dernière année sur les murs...

– C'est ici, la chambre 6.

Je me rends compte que je n'ai pas pris le temps de mémoriser le chemin et que je n'ai aucune idée du trajet à emprunter pour me rendre ici. Mon regard perdu doit être flagrant, parce que Vaness(a) se donne la peine de me rassurer :

– Ne t'inquiète pas. Au début c'est un peu compliqué, mais bientôt, cette école sera ta maison et tu en connaîtras tous les recoins.

Elle n'a pas tort sur ce point : les élèves rentreront pour la plupart chez eux les week-ends, mais pas moi. Mon père vient de repartir en tournée avec son groupe de musique nouveau genre – une sorte de mariachi punk

- et ma mère doit se concentrer sur ses recherches sur la purification des eaux contaminées. J'ai des parents bien occupés, mais je ne m'en plains pas ; je suis autonome et c'est très bien comme ça. L'école sera donc ma seule maison pour les dix prochains mois, à l'exception des vacances de Noël, que nous fêterons tous ensemble chez mes grands-parents au Guatemala.

Quand mon éducatrice-*wannabe*-grande-sœur ouvre la porte de la chambre, je suis surprise d'y voir une autre pensionnaire avec son accompagnateur. Je recule d'un pas.

– Ah ! Vous êtes déjà là ! se réjouit Vaness(a). Carma, je te présente Coralie, ce sera avec elle que tu partageras ta chambre cette année.

C'est une mauvaise blague, ou quoi ? Pourquoi la fille-garçon de tout à l'heure et son monstre à quatre pattes se tiennent-ils devant moi ? J'entends le chien (ou sa maîtresse) grogner. Chava se met à feuler, muscles tendus, griffes sorties. Je pense :

– La vache !

– C'est un chien, pas une vache, me corrige la fille, avec son air prétentieux.

Oups. J'ai dit tout haut ce que je pensais tout bas. Je sais faire la distinction entre un animal de la ferme et un animal de compagnie, merci, mais ça ne change rien au fait que je ne veux pas de lui, ici. Et surtout, je refuse de partager ma chambre avec cette pauvre idiote !

L'éducateur de l'idiote en question (Coralie, quel prénom insignifiant !) semble confus.

– C'est étrange. Normalement, on jumelle des jeunes qui ont le même animal.

Pendant qu'il cherche dans ses papiers, je commence à regarder dans la garde-robe. Il n'y en a qu'une et elle est petite, je me demande comment je vais faire pour y ranger toutes mes affaires sans qu'elles touchent aux siennes. BEURK.

– AH ! Je viens de trouver le problème…

Le garçon montre à l'idiote son formulaire d'admission.

– Regarde, Coralie, tu as coché « chat » pour ton animal de compagnie.

– QUOI ? s'écrie-t-elle en lui arrachant la feuille des mains. Arrrrgggghh, NON ! Comment est-ce que j'ai pu faire ça ? Je déteste remplir ce genre de formulaire...

Vaness(a) s'en mêle :

– Il n'y a pas de changement possible, toutes les chambres sont occupées. De toute façon, je suis certaine que ça va bien se passer. Il n'y a pas que vous qui venez à l'école ici, vos animaux aussi... Ils apprendront à vivre ensemble !

En parlant de nos animaux, voilà Chava qui se défait violemment de mon étreinte pour grimper sur la bibliothèque, le dos rond. En position de chasse, le chien fixe mon félin en se léchant les babines... Ce n'est pas gagné d'avance !

Coralie est peut-être stupide, mais elle n'est pas aveugle et semble de mon avis sur ce point.

– Qu'ils apprennent à vivre ensemble ou pas, je vais voir la direction pour faire changer ça !

Je suis soulagée qu'elle s'en charge, n'étant moi-même pas très douée à défendre mes arguments. Cette année scolaire commence vraiment du mauvais pied.

Je croise les doigts pour que la direction trouve une solution. C'est maintenant ou jamais qu'on verra si j'ai un bon ou un mauvais karma.

chapitre 3

LES CONTRAIRES SE REPOUSSENT

Je reviens du bureau du directeur enragée ! Je ne peux pas croire que je vais devoir partager ma vie avec cette Carma et son stupide chat !

J'entre dans ma chambre en claquant la porte derrière moi. Le bruit surprend le chat, qui paressait sur le lit. Il saute dans les airs et retombe sur mon chien, qui dormait au sol. Harry se réveille, affolé, et commence à courir énergiquement dans la petite pièce comme une mouche piégée dans un bocal. Ses pattes nerveuses accrochent tout sur leur passage. Merde, il va tout casser !!

— Harry ! Harry ! Calme-toi ! STOOOOPPPP !

J'attrape mon chien par le collier, mais il continue à tirer, je dois user de toute ma force pour le retenir. Il est fou ! Au même moment, Carma entre et constate que la chambre est dans un désordre total. Elle me jette un regard dédaigneux (comment ses parents ont-ils fait pour lui donner une tête de noix aussi méprisante ?).

Elle s'empresse de prendre son chat dans ses bras pour l'inspecter de partout.

— Ne panique pas. Il n'a rien, ton chat.

Elle me jette un regard assassin et, comme si je n'étais pas là, elle commence à discuter avec son animal, telle une schizo :

— Ne t'en fais pas, Chava, je ne laisserai pas ce sale chien ni sa maîtresse te faire du mal.

Carma balaie la chambre des yeux, montre Harry, regarde son matou et marmonne :

— C'est lui qui a fait ce bordel ? Alors il va devoir ramasser...

Je suis stupéfaite ; je rêve ou cette fille me lance des messages en passant par son chat ? C'est de la maladie mentale, c'est certain !

— Hé, docteur Dolittle... Si tu as quelque chose à me dire, tu peux me le dire en face !

Ma colocataire ne lève même pas la tête et continue de m'ignorer. J'inspire profondément, sinon je risque de lui arracher les yeux. Elle veut jouer les idiotes ? Alors je vais lui montrer comme elle a l'air conne ! Je prends Harry sous la mâchoire, j'approche mon visage de son museau, je le fixe droit dans les yeux.

— Harry, peux-tu dire à cette fille que t'es pas le seul responsable de ce bordel et que Chava aussi doit ramasser ?

Mon chien redevient calme, il me lèche le bout du nez. Je le caresse sur la tête et je commence à remettre MES affaires à leur place pendant que Carma, de son côté, fait mine de n'avoir rien entendu.

On frappe à la porte, je vais ouvrir. C'est P-A, mon éducateur. Sérieusement, je n'ai jamais vu une école avec autant d'éducateurs. Il y en a un pour dix élèves ! Ce n'est pas pour rien que ça coûte une fortune à mes parents ! P-A m'a fait bonne impression, je ne sais pas si c'est à cause de ses cheveux mi-longs, de sa musculature ou de ses *tattoos*, mais pour le moment, je l'aime bien. Je dis « pour le moment », car ce n'est pas le premier éducateur que je rencontre dans ma vie et il sera probablement aussi chiant que les autres. L'homme met un pied dans la chambre et constate l'état de la pièce.

— Oh ! Il y a eu une tornade ici, on dirait !

Rapidement, je me défends en affirmant que c'est à cause du chat.

— N'est-ce pas, Carma ?

Ma colocataire reste plantée au milieu de la chambre sans dire un mot. Elle fixe le vide, stoïque. Elle va ajouter quelque chose, ou non ?

— Carma, je te parle...

Non, rien ! Je hausse les épaules. Comme on dit : qui ne dit mot consent. Tant pis pour elle !

— Tu vois, elle ne dément pas, c'est parce que c'est vrai.

— Bon, eh bien, Carma, j'imagine que t'avais prévu de ramasser ? Mais je ne suis pas venu pour ça, je voulais vous dire que dans quinze minutes, ce sera l'heure du rassemblement du dimanche soir. Suivez les flèches jaunes, elles vous mèneront à la grande salle.

Et il referme la porte en me souriant.

Je regarde Carma, la tête haute. On dirait bien que cet éducateur est de mon côté ! Satisfaite de cette intervention, je termine tout de même de ranger mes affaires, pas question que je la laisse toucher à quoi que ce soit qui m'appartient. Je l'aime bien, P-A. En plus, il est plutôt mignon...

Je suis curieuse de savoir à quoi ressemblent ces fameux rassemblements du dimanche soir. J'ai lu sur le site internet que les éducateurs relèvent les bons coups de la semaine. Ça doit être trop ringard !

Avant de partir pour la grande salle, j'attache mon chien en laisse. Ici, il est toujours permis d'avoir notre animal avec nous, et ce, même en classe. Non seulement tous nos éducateurs sont formés pour dresser les animaux, mais en plus, nous aurons des cours avec des dresseurs canins (et félins mais ça, je m'en fous) ! Il paraît qu'avant la fin de cette année, Harry sera super bien éduqué, et mes parents pensent que moi aussi, je serai une version améliorée de moi-même. Ils peuvent bien rêver...

Je franchis la porte de ma chambre sans même vérifier si Carma me suit. Pas question que je sois polie, et encore moins galante, avec elle. Vu comment elle me regarde, elle me déteste... Et c'est réciproque !

Nous sommes plusieurs à marcher dans la même direction. Harry tire sur sa laisse, il voudrait saluer tout le monde.

— Harry, non ! Harry, au pied !

J'essaye tant bien que mal de calmer la ferveur de mon chien, mais il n'a pas l'habitude d'être en présence d'autant d'amis de son espèce. Étrangement, on dirait qu'il n'y a que lui qui s'excite. Pourquoi tous les autres marchent au pied, et pas le mien ?

Wow ! Trop cool, ces cadres sur les murs avec des *monsieurs* et des *madames* posant en compagnie de leur animal ! Ce doit être les profs ou... Ha ! Ha ! Cette fille devant moi a l'air d'avoir huit ans et demi, elle ne peut pas être en secondaire un ? Bon, ça y est, je ne trouve plus les flèches... Ah, il y en a une, là !

Quand j'entre dans la grande salle, il y a beaucoup (trop) d'élèves déjà arrivés. Je souffle à l'oreille de mon chien :

— Je commence à croire que c'est vraiment Poudlard, ici !

La pièce n'est pas aussi impressionnante que celle du film, mais tout est organisé de la même façon. Cinq longues rangées de tables, une par niveau, je devine (j'ai un grand sens de la déduction), et les enseignants à l'avant. Il y a de grosses poutres sur les côtés, qui supportent une petite mezzanine et un plafond majestueux. Heureusement, notre directeur a la barbe rasée, ça me rassure : ce soir, aucun sort ne sera jeté !

Notre école compte une centaine d'élèves. Une classe par niveau. Ce n'est pas beaucoup, mais comme nous sommes tous des jeunes qui ont « besoin d'encadrement », il semblerait que ce soit mieux pour nous. Personnellement, je n'y vois pas beaucoup d'avantages ; moins d'élèves, ça veut dire moins de personnes qui pourraient être mon ami et moins de garçons avec qui je pourrais sortir. Car oui, j'ai bien l'intention de tomber amoureuse cette année. Sinon, le temps sera vraiment trop long. Depuis que j'ai eu mon premier copain en cinquième année, j'ai réalisé que je suis beaucoup plus motivée à aller à l'école quand il y a un beau garçon avec qui flirter. Je m'amuse bien avec mes amies, mais avec les garçons, c'est différent, et surtout bien plus intéressant.

Harry m'oblige à m'asseoir loin des autres, tellement il est excité. La présence des chats n'aide en rien son cas. La réunion commence, mais je suis trop occupée à gérer mon chien pour écouter.

— Assis, Harry ! Assis ! ASSIS ! !

Les gens me fixent, je leur envoie un large sourire. J'ai l'air d'une vraie conne, je sais, mais ils pourraient regarder ailleurs : c'est juste un chien. C'est à ce moment que je croise les plus beaux yeux noirs que j'ai vus depuis longtemps. Le garçon me dévisage sans discrétion et avec complicité. Je hausse les épaules pour lui signifier que mon chien m'embête royalement. Il sourit de toutes ses dents... Ça y est, je fonds. De grands yeux, de larges sourcils expressifs, un sourire radieux, un teint basané, des cheveux bouclés courts et foncés, ce type assis à la table des secondaire trois avec son bouvier bernois est juste trop parfait. Je viens de trouver l'homme de ma vie, ni trop jeune, ni trop vieux ! Je dois absolument savoir qui il est.

Je me demande quel âge a mon école. Si l'on en croit l'extérieur, au moins cent ans, c'est certain, mais si je me fie à la décoration intérieure, je dirais moins. Les profs ont tellement l'air trop contents d'être là, c'est agaçant. Celui avec la cravate doit être jeune, je ne lui donne pas trente ans. On dirait un prof d'histoire. Wouah ! Son bras plein de *tattoos* est trop cool !

Voyons, ça pue, tout d'un coup! Je me tourne. Derrière moi, il y a un garçon qui vient d'entrer. Il sue comme un marathonien et il a la corpulence d'un lutteur sumo. Beurk, il pue, c'est dégueulasse.

Soudain, les gens dans la salle se mettent à applaudir. J'essaye de comprendre ce qui se passe, parce que j'ai complètement oublié de suivre la réunion. Mais c'est trop tard, tout le monde se lève, la rencontre est terminée. Dans la foulée, je perds malheureusement de vue le garçon de mes rêves, mais heureusement, l'odeur du lutteur s'évapore.

Plutôt que de rentrer immédiatement dans ma chambre, je fais quelques petits détours. Le bâtiment en forme de U est ÉNORME ! Heureusement que nous avons un plan dans notre agenda ! J'essaye de m'y retrouver. Au centre, il y a l'entrée principale, avec le gigantesque hall dans lequel se trouvent les bureaux de la direction, le secrétariat et le grand escalier.

Le bâtiment possède cinq étages en tout, un par niveau scolaire. Sur chaque palier du pavillon A, le centre est occupé par une pièce plus importante. Au premier, c'est le gymnase, au deuxième, la grande salle, au troisième, la bibliothèque, au quatrième, la cafétéria et au cinquième, la salle de sport avec un ring de boxe (ça, c'est cool) ! Le pavillon B est réservé aux salles de cours (ça, c'est nul).

Les ailes de chaque côté, ce sont les parties pensionnat. L'aile Est du bâtiment (pavillon C) est réservée aux filles et l'aile Ouest (pavillon D), aux garçons. Dans la partie pensionnat, il y a nos chambres, les salles de bain avec les douches, les chambres des surveillants de nuit, une petite cuisine, un salon, une salle d'étude et une salle de jeu.

— Il est beau, ton chien, c'est un griffon ?

Je me tourne, c'est une femme coiffée de tresses africaines qui me parle. Elle ne porte pas l'uniforme, alors je présume que c'est une éducatrice ou une surveillante.

— Merci, oui, c'est un griffon.

— J'adore cette race de chien !

Elle rigole.

— Excuse-moi, je ne me suis pas présentée, je m'appelle Sandrine. Je suis la surveillante des secondaire trois, et mon petit doigt me dit que tu n'es pas au bon étage.

La femme me sourit. Ses dents sont particulièrement blanches. Elle n'a pas l'air fâchée, mais je sens tout de même le besoin de mentir :

— Je me suis perdue en sortant de la grande salle.

— Pas de problème. Tu t'appelles comment ?

— Coralie.

— Alors, Coralie, c'est assez simple, il y a un étage par niv...

— Un étage par niveau, oui, oui je sais, j'étais dans la lune. Je descends ! Bye, Sandrine ! En passant, t'as vraiment de belles dents.

Je pousse la porte de la cage d'escalier et je reviens sur l'étage des secondaire un. C'est nul d'être en secondaire un !

Quand j'entre dans la chambre, Carma est couchée sur son lit avec ses écouteurs sur la tête. Je lui tourne le dos pour me mettre en pyjama, et lorsque je me retourne, elle est sortie. Je brosse mes dents au petit lavabo et je me couche avec Harry à mes pieds. Quelques minutes plus tard, j'entends ma colocataire revenir, mais je fais semblant de dormir pour ne pas avoir à lui parler. Comme d'habitude, je mets des heures à trouver le sommeil.

L'année sera longue avec elle... TROP LONGUE... Et en plus, la litière de son rat pue déjà. À moins que ce soit elle qui dégage cette drôle d'odeur ?!

chapitre 4

LE MEILLEUR AMI DE L'HOMME (PFFF!)

Je suis réveillée par la voix de velours de ma chanteuse préférée. J'adore cette artiste mexicaine, mais je lui en veux un peu de me tirer du sommeil, ce matin. J'ai l'impression d'avoir dormi quelques minutes à peine, quelques secondes, même. Je ne me sens absolument pas d'attaque pour affronter cette première journée d'école...

J'ai toujours du mal à m'endormir quand je me retrouve dans un nouvel endroit, il me faut plusieurs nuits pour m'y habituer. J'ai besoin d'apprivoiser les lieux, d'y prendre mes marques, d'avoir des repères. C'est pour moi impensable de me détendre complètement en présence d'inconnus. Quelque chose me dit que la cohabitation forcée avec ma coloc indésirable et son chien risque de compliquer les choses... Ces deux-là font un bruit pas possible ! Quand Coralie se retourne dans son lit, Harry en profite pour changer de position lui aussi. Quand elle se met à marmonner des trucs incompréhensibles dans son sommeil, lui se met à ronfler. Quand elle respire bruyamment, lui pète comme une mitraillette. De quoi faire perdre la tête à n'importe quel humain normalement constitué !

Si ce n'était que du bruit, je pourrais régler le problème avec de simples bouchons et quelques exercices de méditation. Ne resterait plus qu'à me boucher le nez pour empêcher mes narines d'être agressées par la puanteur. Mais en vérité, c'est surtout ma conscience qui m'a empêchée de fermer l'œil de toute la nuit.

Hier soir, au rassemblement, le directeur a mentionné qu'un élève avait perdu sa clé USB. Il a demandé à quiconque la trouverait de la lui rapporter. Pour l'instant, personne ne semble soupçonner un vol, mais si la direction venait à enquêter sur cette disparition, il y a fort à parier qu'elle ne tarderait pas à me considérer comme la principale suspecte. Après tout, la mention «clepto-mane» figure noir sur blanc dans mon dossier (même s'il s'agit, à mon avis, d'une façon très exagérée de qualifier ma petite manie d'emprunter des choses sans le demander). J'ai retourné ça de tous les côtés dans ma tête durant le rassemblement, puis sur le chemin jusqu'à ma chambre, où je me suis empressée de me réfugier, envahie par les pensées qui se bousculaient dans mon esprit. Si je rapporte la clé USB, je vais devoir inventer un mensonge du genre «elle était par terre, j'ai cru que c'était la mienne, je suis tellement tête en l'air, blablabla». Si je la garde, je risque de me faire prendre un jour ou l'autre, à moins de m'en débarrasser quelque part... La jeter dans une poubelle? La lancer dans le bois qui entoure l'école? La donner à manger à Harry en priant secrètement pour qu'il s'étouffe avec? Après tout, il ne s'est pas gêné pour se curer les dents avec Chava.

Dans la lumière du petit matin, je dois reconnaître que la nuit ne m'a pas du tout porté conseil. Au contraire. Je vérifie sous mon oreiller pour m'assurer que la clé USB s'y trouve toujours, puis je fais mon lit sans un bruit, ramasse mon uniforme et file à la salle de bain avec Chava pour me préparer sans avoir à stresser qu'elle se fasse intimider par Harry-la-brute. À notre retour dans la chambre, le chien nous accueille en secouant la queue, mais Coralie ne réagit pas d'un poil. Elle n'est toujours pas réveillée quand, sac au dos et Chava dans sa cage de transport, je ressors quelques minutes plus tard. Aurait-elle oublié de programmer son réveille ?

Ce serait vraiment nul d'arriver en retard à son premier cours de l'année… mais qu'elle ne compte pas sur moi pour lui apprendre la ponctualité !

Je choisis une place stratégique pour demeurer en retrait sans attirer l'attention : un pupitre situé dans l'avant-dernière rangée et collé contre le mur du fond. Chava devra rester dans sa cage de transport pour le moment, le temps de s'habituer à son nouvel environnement. On nous a expliqué que la première semaine, il valait mieux garder les animaux en cage ou les tenir en laisse pour faciliter l'adaptation de tous. Certains félins n'ont jamais été en présence d'autres spécimens de leur espèce, encore moins à une telle proximité avec le clan canin. Pour éviter que l'animosité grimpe et que ça dégénère, toutes les classes de l'établissement sont divisées en deux : « Les chats et leur maître d'un côté, les chiens et leur meilleur ami de l'autre. » J'ai tellement levé les yeux au ciel, j'ai cru qu'ils avaient quitté leur orbite pour une mission spatiale d'une durée indéterminée. « Le meilleur ami de l'homme », quelle expression ridicule! D'abord parce que les femmes, les enfants et les adolescents aussi peuvent développer une relation privilégiée avec leur animal de compagnie. Ensuite parce que la plupart des chiens n'ont aucune once de jugement, ils aiment tout le monde et font confiance à n'importe qui. Ceux qui considèrent leur chien comme leur meilleur ami sont tellement naïfs. Leur compagnon n'hésiterait pas à s'enfuir avec quiconque aurait de bons biscuits à lui offrir. Il pourrait même, du jour au lendemain, décider de se sauver et ne plus jamais revenir. Je sais de quoi je parle…

– Il y a quelqu'un assis ici?

Un garçon aux traits fins et délicats indique le pupitre à côté du mien. Qu'est-ce que j'en sais? Je hausse les épaules. Il dépose son sac à dos et sa cage de transport au sol, puis s'assied en se tournant légèrement vers moi.

– Salut! Moi, c'est Gabi!

Je me contente d'esquisser un sourire sans me donner la peine de me présenter. Son visage m'est familier, j'ai l'impression de l'avoir déjà croisé quelque part. Au rassemblement, hier soir ? À la cafétéria, ce matin ? Sur le terrain de l'école, hier après-midi ?

Oh merde. Merde, merde, merde… c'est lui ! Je blêmis d'un coup alors que je reconnais la jolie tête bouclée du propriétaire de la clé USB cachée sous mon oreiller.

– Toi, tu t'appelles comment ?

Je ravale ma salive en faisant mine de caresser Chava à travers le grillage de la cage pour gagner du temps. J'hésite à lui répondre. C'est contre mes principes de fraterniser avec les cobayes sur qui je teste mes pouvoirs d'invisibilité. Je dirais même plus : c'est contre mes habitudes de chercher à me faire des amis.

– T'as donné ta langue au chat ? insiste-t-il en ricanant gaiement. Oh mon Dieu ! Je ne peux pas croire que je viens de dire ça, c'est tellement nul comme blague… Ha ! Ha ! Ha !

– Carma.

– Hein ?

– C'est comme ça que je m'appelle. Carma.

– Ah, OK ! Cool, cool, cool. Et ton chat ?

– *Elle*. C'est Chava.

Il se gratte la tête en réfléchissant. Je remarque qu'il a les ongles vernis aux couleurs de l'uniforme. C'est original. Et plutôt audacieux.

– Chava, hmm ? C'est pas une déesse indienne, ça ?

– Non. C'est *Shiva*, le dieu. Chava, c'est du *slang* mexicain pour dire « meuf »...

– T'es mexicaine ?

– Non, mais j'ai habité au Mexique.

– Trop cool !!!

– Si l'on veut...

– Moi, ma chatte s'appelle Prada. Ce n'était pas mon choix, c'était l'idée de ma mère parce qu'elle lui rappelle son sac à main préféré.

Je pourrais m'étonner du fait que le blondinet à tête frisée trouve normal que sa mère compare son animal à un sac à main, et pourtant, ce que je retiens de cet échange, c'est qu'il ose employer le mot « chatte » sans aucune hésitation. Perso, j'évite généralement d'utiliser ce terme en public parce que les gens de mon âge sont totalement immatures et ont tendance à penser directement à des obscénités. Mais ça ne semble pas gêner Gabi d'appeler une chatte une chatte.

La cloche sonne pour annoncer le début de la première période. La prof ferme la porte du local et regagne sa place à l'avant de la classe en se raclant la gorge. Façon subtile de demander aux élèves de première secondaire de se taire. Certains continuent de papoter et de rire entre eux, mais rapidement, Vanessa et P-A les ramènent à l'ordre. Assister aux cours et assurer la discipline fait partie de leur description de tâches. Ça peut sembler lourd, mais je n'ai jamais vu deux éducateurs à la fois dans une même classe avec un air aussi heureux. Une fille voilée tente - en vain - d'empêcher son chien de grogner contre le chat qui miaule de l'autre côté de l'allée. Le chaos relatif qui règne dans la classe ne semble en rien décourager l'enthousiasme des éducateurs ni de l'enseignante, qui débute son exposé :

– Chers élèves, bonjour ! Je vous souhaite la bienvenue au Collège Charles-Darwin, à vous ainsi qu'à vos animaux de compagnie ! Je suis madame Boisvert et j'aurai le plaisir de vous enseigner les sciences.

Dire que le cours commence et que Coralie brille encore par son absence… Cette fille est une catastrophe, un désastre sur deux pattes !

– Comme la matière que je vous enseigne est l'étude des relations entre les organismes vivants et leur milieu de vie, vos compagnons poilus et votre nouvel environnement seront au cœur de vos apprentissages. Ce n'est d'ailleurs pas un hasard si le collège porte le nom de Charles Darwin, puisque ce grand homme et ses théories occupent une place essentielle dans cette école, et dans mon cours en particulier. Mais avant de vous parler de théorie de l'évolution et de sélection naturelle, apprenons un peu à nous connaître, car j'aurai la chance de passer les cinq prochaines années à vos côtés !

Pendant que madame Boisvert raconte l'histoire de sa vie (Zzzz), je fouille dans mon agenda à la recherche des règlements de l'école. Il me semble avoir vu que c'était tolérance zéro pour les absences injustifiées.

Espérons que la sélection naturelle fera son œuvre et que ma coloc sera bientôt renvoyée !

chapitre 5

L'AVENIR APPARTIENT À CEUX QUI SE LÈVENT À L'HEURE

— Coralie, réveille-toi ! Coralie, t'es en retard !

J'ouvre péniblement les yeux. La surveillante des secondaire un est devant moi. Le lit de Carma est fait… Mais que se passe-t-il ?

— T'es en retard, ma belle, et la ponctualité est une valeur importante à Charles-Darwin.

En retard ? Mais c'est impossible ! J'ai réglé l'alarme de mon téléphone hier soir avant de me coucher. Je m'étire, j'attrape mon portable comme preuve. Ah merde ! J'ai oublié de le brancher, il est mort !

Je me lève d'un bond.

— Merde ! Ce n'est pas de ma faute, c'est mon portable...

— Peu importe la raison, Coralie. Tu dois être à l'heure à tes cours chaque matin.

J'ai envie de pleurer, mais pas question de le montrer. Je serre les dents, je ravale ma salive, je vais me dépêcher et arriver à temps.

— Écoute, Coralie, c'est ta première journée, c'est normal que tu sois stressée. Prends le temps de te préparer et de sortir ton chien. Tu rejoindras ton groupe pour la deuxième période.

Gorge nouée, je ne remercie pas la surveillante, dont j'ai oublié le nom. J'empoigne mon uniforme... Je regarde la madame pour lui signifier qu'elle peut partir, que je gère.

La femme de presque un mètre quatre-vingt, aux cheveux en chignon négligé, lève les sourcils :

— Je ne partirai pas, je suis là pour m'assurer que tu fais exactement ce qu'il faut.

Je me retiens de rire ! C'est une blague ? La surveillante ne bouge pas... Ce n'est pas une blague !

— À Charles-Darwin, la confiance, ça se gagne. Malheureusement, pour le moment, je n'ai pas confiance, Coralie.

Elle me cherche, elle.

— Moi non plus, je n'ai pas confiance en toi ! T'es peut-être une pédophile qui veut me regarder me changer.

— Tu crois que c'est possible ? Écoute, ma belle, t'es déjà très en retard. Si tu arrêtes de perdre ton temps, tu arriveras avant la fin de ta première période et minimiseras l'impact négatif de ton retard.

Je soupire d'agacement.

— Est-ce que je peux aller à la salle de bain, au moins ?

— Fais ce qu'il faut, mais fais-le vite !

Je m'empresse de passer à travers ma routine du matin. Avoir la surveillante à mes côtés me stresse. J'espère que les adultes ici ne sont pas tous chiants comme elle, parce que sinon, je vais péter une case avant la fin de la semaine.

Je prends mon sac à dos, je suis prête ! Avant d'aller en cours, je sors Harry pour qu'il fasse ses besoins dans le parc à chiens derrière le collège. Sur ma route, je croise des élèves plus vieux qui me regardent marcher, le sourire en coin. J'ai l'air d'une vraie conne, avec cette maudite surveillante à mes côtés. J'essaye de rester quelques pas derrière elle pour ne pas qu'on me voie accompagnée, mais on dirait qu'elle fait exprès de me faire chier en ralentissant chaque fois que je prends un peu de distance.

Une fois dans le parc à chiens, je détache Harry pour le laisser courir quelques minutes, après quoi j'annonce :

— Je suis prête, je vais aller à mon cours.

— Parfait, donne-moi deux minutes.

La surveillante prend le talkie-walkie qu'elle porte à la ceinture.

— P-A, tu me reçois ?

— P-A, je te reçois cinq sur cinq !

— C'est Patricia, je suis au parc à chiens. Coralie est prête.

— OK, j'arrive.

Je dévisage la surveillante. C'est pas vrai ? L'éducateur viendra me chercher ? Je suis capable d'aller à mon cours toute seule, franchement ! Je vais avoir l'air de quoi, moi ? C'est quoi, cette école de débiles ?

— Voyons, c'est débile !

— Qu'est-ce que tu trouves débile, Coralie ?

— Vous êtes tous sur mon dos ! Je suis capable de me débrouiller toute seule !

— Ah, oui ? Alors, demain matin, j'imagine que tu seras à l'heure et que je pourrai te laisser te débrouiller toute seule ?

Patricia me sourit, mais moi, je ne souris pas. Quelle conne ! Au loin, je vois l'éducateur qui arrive. Je rappelle Harry, je le mets en laisse et je vais à la rencontre de l'homme. Je sens qu'il va me faire la morale en me répétant l'importance de la ponctualité à Charles-Darwin, bla bla bla ! Je bous déjà de l'intérieur. J'ai envie de partir en courant dans la forêt devant moi, grimper dans un arbre et ne plus en descendre tant que mes parents ne viendront pas me chercher ! Dommage que les chiens ne sachent pas grimper aux arbres, je ne veux pas abandonner Harry comme ça.

— Bonjour, Coralie. Viens, ton groupe est à la bibliothèque.

C'est tout ? Pas de sermon ? Pas d'avertissement ? J'ai même droit à un sourire. P-A, t'es mon pref !

Dès que j'entre dans la bibliothèque, Harry commence à s'exciter à la vue des autres chiens et des chats. P-A me montre les cages et il me conseille de le coucher à l'intérieur de l'une d'elles.

— On s'occupera de dresser Harry pour qu'il se comporte bien et qu'il soit heureux à l'intérieur de l'école, mais pour le moment, c'est mieux pour lui de se reposer là.

Je suis d'accord avec mon éducateur. Je mets Harry dans une cage en prenant le temps de regarder les autres chiens au passage. Le chihuahua est tellement laid, beurk! Mais j'aime bien le berger australien aux yeux bleus. Je me demande qui sont leurs maîtres.

Le prof vient à ma rencontre et me tend la main... Il est intense, ce type! Pendant ce temps, P-A disparaît dans les rangées de livres.

— Bonjour, Coralie, je suis monsieur Labrèche. Je suis très heureux d'être ton enseignant de français. Ça se voit immédiatement dans tes yeux que tu es une jeune fille brillante.

Euh... c'est bien la première fois qu'on me la sort, celle-là. J'ai plus l'habitude d'entendre: «On m'a parlé de toi, et je t'avertis: avec moi, tu ne pourras pas faire n'importe quoi.» Ou encore: «C'est toi, Coralie...», accompagné d'un regard méprisant et provocateur.

Le prof continue:

— Comme je l'ai expliqué aux élèves avant que tu arrives, je crois que l'apprentissage du français passe d'abord par l'amour de la littérature. Alors, la mission de ce matin est, bien sûr, de visiter notre merveilleuse bibliothèque...

Il faut qu'il calme son excès d'enthousiasme, ce n'est qu'une bibliothèque, il n'y a pas de quoi s'exciter !

— ... mais aussi de te procurer deux livres. Un premier que tu peux choisir, et un deuxième que madame Suzette te conseillera.

— Madame Suzette ?

— Notre fabuleuse bibliothécaire.

Merveilleuse bibliothèque, fabuleuse bibliothécaire... Sérieux, le prof de français est sous ecstasy, ou quoi ? Il reviendra peut-être sur Terre quand il constatera que je suis dyslexique et dysorthographique, et que la lecture est mon pire cauchemar.

L'homme me pointe du doigt une femme d'un certain âge qui a l'air sortie d'une autre époque. Ses cheveux gris sont gonflés sur le dessus et rebondissent sur ses épaules, elle porte une robe à carreaux brune avec un col rond et un ruban en boucle à son cou. Son rouge à lèvres mauve détonne sur sa peau brun foncé.

Un élève du groupe passe dans mon champ de vision, et pendant une fraction de seconde, je crois voir le beau garçon du rassemblement, mais ce n'est qu'une illusion. D'ailleurs, je ne l'ai toujours pas revu, lui. Avec un étage par niveau, ce n'est pas si facile de rencontrer les autres élèves. Je devrais m'infiltrer discrètement à l'étage des secondaire trois pour le voir! S'il ne peut venir à moi, j'irai à lui!

Mon regard revient sur la femme, qui semble en grande discussion avec un élève. Dès qu'elle m'aperçoit en train de l'observer, elle arrête de parler et avance vers moi. Sa grâce surprend, vu son âge.

— La voilà, la petite dormeuse! Une fille qui aime rêver doit adorer lire, n'est-ce pas?

Monsieur Labrèche s'éloigne, me laissant seule avec cette femme bizarre. Je grimace.

— Euh... Non, pas vraiment, je suis dyslexique et...

Sans écouter ma réponse, la vieille dame saisit ma main gauche, pose ses petites lunettes au bout de son nez et regarde ma paume attentivement. Je suis gênée. Au loin, je vois Carma qui me fixe. Elle ne perd rien pour attendre, elle! Elle aurait pu me réveiller ce matin, la garce!

— Voilà qui me semble intéressant.

Je reviens à Suzette, qui scrute toujours ma main.

— Pardon ?

La dame retire ses lunettes attachées avec une cordelette et paraît songeuse.

— Romance, passion et révolte.

Je regarde la bibliothécaire, qui s'éloigne en marmonnant tout en prenant conscience que la plupart des élèves de ma classe sont en train de m'observer.

— Elle est bizarre, hein ? Elle a inspecté les mains de tous les élèves et, à moi, elle a donné ce livre. Ça a l'air nul, je trouve !

Un garçon à côté de moi me tend son livre, intitulé *Jolis jolis monstres* (intriguant, comme titre). Le garçon a les lèvres pincées, une main sur sa hanche cambrée, les épaules bien droites et d'incroyables cheveux bouclés blonds qui lui font une tête de chou-fleur. Je veux dire, une belle tête de chou-fleur !

— Vraiment bizarre ! J'espère qu'elle n'a pas vu que je ne me suis pas lavé les mains en sortant des toilettes, tout à l'heure !

Nous éclatons d'un rire que nous nous empressons d'étouffer par crainte de nous faire réprimander.

— Je m'appelle Gabi !

— Coralie.

— Est-ce que je peux t'appeler Coco ?

— C'est comme ça que mes amis me surnomment.

— C'est trop mignon, Coco ! Moi, je m'appelle Gabriel, mais Gabi c'est plus cool, je trouve.

Monsieur Labrèche s'approche de nous.

— Content de voir que vous avez fait connaissance, vous deux. Maintenant, il faut vous trouver un livre.

Gabi m'attrape le bras.

— C'est ce qu'on allait faire.

Ensemble, nous nous empressons de nous cacher dans une des nombreuses rangées de cette grande bibliothèque. Gabi m'informe :

— Je suis tombé sur la rangée des livres cochons ! Viens voir !

— Des livres cochons ?

Il m'en lance un : *La masturbation ne rend pas sourd.*

— Regarde à la page quatre-vingt.

Je m'exécute, je tombe sur l'image d'un pénis qui me fait pouffer de rire.

— Tu vas prendre ça ?

Gabriel rigole.

— NON ! Imagine si l'on doit faire un exposé oral après la lecture.

J'éclate de rire. Mon nouvel ami et moi sommes sur la même longueur d'onde, c'est évident !

— Coralie ?

Je m'empresse de cacher le livre derrière mon dos et je souris en me retournant pour faire face à madame Suzette.

— Oui ?

La femme me fixe dans les yeux, puis se tourne vers Gabi avant de jeter un regard sur le trou que l'absence du livre de sexe a fait sur la tablette, puis elle revient à moi. En me tendant un livre.

— Commence avec celui-ci, on verra ce que ça dit.

Je l'attrape sans regarder le titre. Je remercie la femme rapidement avant de m'enfuir plus loin avec Gabriel, qui se retient de rire autant que moi.

Je passe le reste de la période avec mon nouvel ami. Je lui présente Harry, il me présente Prada, son petit chat (lui, il utilise le mot « chatte », mais moi je trouve que ça fait trop bizarre).

Avant de quitter la bibli, je me rappelle que je dois avoir deux bouquins en main. J'en attrape un au hasard sur une tablette ; peu importe ce que c'est, je ne le lirai pas.

Je passe une bonne partie de la journée avec Gabi à dire des bêtises et à me lier d'amitié avec lui et d'autres personnes de notre année. Quand la cloche sonne la fin des cours, nous sommes cinq dans la bande, les plus cool de la classe, c'est évident. Gabriel, Lyam, Cassendre, Anthony et moi, nous élaborons ensemble un plan pour faire chier ma coloc : nous dressons une liste de petites choses qui lui feront péter les plombs ! Et plus j'apprendrai à la connaître, plus j'ajouterai des idées :

- Couper une mèche de ses longs cheveux noirs pendant qu'elle dort.

- Brosser la cuvette des toilettes avec sa brosse à dents.

- Remplacer son shampooing par du savon pour le corps. (Cassendre propose de la crème épilatoire, mais je trouve ça trop chien.)

- Mettre de la litière dans son lit. (Lyam dit de mettre un peu de crottes aussi... À voir.)

- Raser le dessus de la tête de son chat.

Septembre

IDÉES DE GÉNIE POUR FAIRE CHIER CARMA :

– Couper une mèche de ses longs cheveux noirs pendant qu'elle dort.

– Brosser la cuvette des toilettes avec sa brosse à dents.

– Remplacer son shampooing par du savon pour le corps.

– Mettre de la litière dans son lit. (Ajouter des crottes aussi??)

– Raser le dessus de la tête de son chat.

chapitre 6

SI TU VEUX LA PAIX, PRÉPARE LA GUERRE

Vendredi après-midi. J'ai du mal à croire que la première semaine d'école est déjà finie... Les jours et les cours se sont enchaînés à une vitesse folle, mais j'ai l'impression d'y avoir assisté sans vraiment y participer, comme si j'étais spectatrice de ma propre vie. J'observe avec curiosité ce qui se passe autour de moi sans pour autant me sentir concernée, avec le sentiment que je n'ai pas tellement mon rôle à jouer. Je n'ai pas toujours été comme ça, disons simplement que j'ai appris à être discrète pour qu'on me foute la paix.

On ne peut pas en dire autant de ma coloc. Coralie est CONSTAMMENT en manque d'attention. Elle parle fort (même à la bibliothèque!), elle est toujours en retard, elle n'écoute jamais en classe, elle trébuche dans les escaliers et se donne en spectacle dans les couloirs... N'importe quoi pour attirer les regards! C'est fou ce qu'elle me tape sur les nerfs! Cette fille a le don de me faire grincer des dents 100% du temps. Je parie d'ailleurs que c'est la seule matière où elle pourrait obtenir une note parfaite.

En ce moment, je fais semblant de lire, allongée sur mon lit avec Chava qui ronronne sur mes genoux malgré l'agitation autour de nous, tandis que Coralie «prépare» ses affaires pour le week-end. Façon de dire qu'elle fourre des vêtements pêle-mêle dans son sac à dos en les écrasant pour qu'ils rentrent. La méthode est brouillonne, totalement désorganisée. Les tiroirs de sa commode sont tous ouverts, son linge est éparpillé par terre. Si elle ne le ramasse pas avant de partir, je me fais la promesse d'entraîner Chava à utiliser sa moitié du plancher comme litière.

– Merdeeeeee! Où est-ce que j'ai donc mis ça?! Elle ne peut pas être loin, j'ai joué avec hier soir... Merde, merde, merde!

Après s'être évertuée à tout faire entrer dans son sac à dos, voilà que Coralie le vire à l'envers pour en vider le contenu. Elle fouille nerveusement dans le tas de vêtements en regardant partout à la fois sans parvenir à fixer son regard fou sur quoi que ce soit. En cet instant précis, elle ressemble plus que jamais à Harry quand il a envie de pipi. Son chien la contemple d'ailleurs d'un air interrogateur, la tête penchée sur le côté, la babine retroussée. Il aboie, fébrile, faisant sursauter Chava, qui le couve d'un œil méchant.

– As-tu vu ma Switch ? me demande Coralie.

Je fais semblant de l'ignorer et continue de gratter mon chat derrière l'oreille pour l'apaiser. Ma coloc répète sa question en levant le ton.

– As-tu vu ma Switch ?!

– Ah, c'est à moi que tu parles...

– Ben oui ! Qui d'autre ?? Il n'y a que nous deux ici.

Je suppose que Chava et Harry ne comptent pas à ses yeux. Humaine ingrate. Je fais mine de retourner à ma lecture, mais elle revient à la charge :

– Alors... Est-ce que tu l'as vue ?

– Vu quoi ?

– MA SWITCH !!!

– Je ne sais même pas ce que c'est.

Mensonge. Non seulement je sais très bien ce qu'est une Switch, je sais aussi que sa console de jeu est sous son lit, pour la simple raison que c'est moi qui l'ai mise là. Coralie s'est endormie en jouant, hier. J'en ai profité pour cacher la Switch dans ses affaires en me disant que si elle oubliait de l'apporter chez elle ce week-end, je pourrais toujours la lui emprunter pour m'occuper. Mon plan semblait fonctionner… jusqu'à ce que Coralie se mette à la chercher. Pire : à m'accuser.

– Tu me l'as volée !

– Euh… NON !

Cette fois, c'est la vérité. Techniquement, il ne s'agit pas d'un vol puisque la console est encore en sa possession. Il ne tient qu'à elle de la trouver.

– Je suis sûre que c'est toi. T'es qu'une maudite voleuse ! La preuve : j'ai entendu Vaness et P-A dire que t'es clepto.

Les éducateurs ne sont pas censés parler de nos dossiers entre eux! Surtout pas en présence d'autres pensionnaires. C'est irrespectueux et ça va totalement à l'encontre de leur éthique professionnelle! Je n'en reviens pas qu'ils aient osé faire ça. Ces accusations me font sortir de mes gonds. J'éclate d'une rage incontrôlable, une fureur qui ne me ressemble pas.

– JE N'AI PAS VOLÉ TA SWITCH, COMPRIS??? Si tu faisais un peu plus attention à tes affaires, tu saurais elle est où, ta foutue console! Et tu me laisserais lire en paix! Maintenant, laisse-moi tranquille et retourne te perdre dans ta petite vie de merde.

Coralie ne s'attendait visiblement pas à ce que je réagisse avec autant de violence. Moi non plus, d'ailleurs. Ma crise nous prend toutes les deux par surprise. Elle ouvre la bouche, puis la referme. Coralie ne sait pas quoi dire parce qu'elle sait que j'ai raison, et ça se voit.

– Tu sais quoi? Va chier, Carma.

C'est tout ce qu'elle trouve à répliquer lorsqu'elle finit enfin par retrouver un tant soit peu ses esprits. Son sac à dos est de nouveau bourré de vêtements en désordre. Elle sort de la chambre en claquant la porte, qu'elle rouvre quelques secondes plus tard pour permettre à

Harry de sortir à son tour. Elle claque la porte à nouveau, puis revient chercher la laisse de son chien restée sur le crochet dans l'entrée. Sa sortie dramatique est un échec monumental, c'en est presque comique. Si je n'étais pas aussi fâchée, j'éclaterais d'un rire cruel comme dans les dessins animés. Gnac, gnac, gnac!

Pourtant, quand le silence retombe enfin et que le calme revient, une profonde lassitude m'envahit. Je me sens soudain très seule. Ça m'ennuie de l'avouer, mais le départ précipité de Coralie et Harry laisse un grand vide dans la chambre.

Ma chatte vient coller sa jolie tête grise contre ma joue. Elle me donne de petits coups pour me consoler, comme elle le fait chaque fois qu'elle me sent déprimée.

Attends, mais qu'est-ce qui me prend? Je me ressaisis.

C'est l'occasion rêvée d'avoir du temps pour moi et de savourer la compagnie de ma douce Chava. Je pourrais en profiter pour avancer dans la composition de ma nouvelle chanson, sur laquelle je n'ai pas eu le temps de travailler depuis la rentrée. Ma musique commence à me manquer, et je parie qu'elle manque aussi à Chava. Elle ADORE quand je chante pour elle, ça me vaut chaque fois une symphonie de ronrons et des regards remplis d'admiration. Sans blague! Chava est sans contredit ma plus grande *fan*. Bon, elle est la seule à m'avoir entendue chanter, mais ça, c'est une autre histoire.

En parlant d'histoire, je pourrais aussi profiter de la tranquillité pour lire (et pas seulement faire semblant pour avoir l'air occupée en présence de Coralie).

Hum... Non, il me vient une meilleure idée! Quelque chose que je me suis retenue de faire toute la semaine afin d'éviter de me faire prendre sur le vif ou d'éveiller les soupçons.

La clé USB «empruntée» le jour de la rentrée.

J'ai pris une décision: je vais la rendre à Gabriel. Ou plutôt, je vais attendre que la plupart des pensionnaires soient partis et que le collège soit désert pour la déposer à un endroit où elle sera retrouvée, comme par hasard. Sauf qu'avant de la rendre à son propriétaire, je compte bien vérifier ce qu'elle contient... À quoi bon l'avoir empruntée, sinon? Même si je suis curieuse, j'hésite. Ce qu'il y a sur cette clé ne me regarde pas... Mais la tentation est forte. *Allez, Carma, tu dois y jeter un œil.* Une autre petite voix contredit la première: *Tu ne devrais pas faire ça.* Mais cette petite voix ennuyeuse me rappelle ma vieille tante rabat-joie, celle qui m'offre toujours des chaussettes pour Noël et qui nous casse sans arrêt les oreilles sur l'importance d'utiliser du fil dentaire.

Doooonc... Je le fais ou pas? Juste un survol rapide pour voir à qui j'ai affaire. Après tout, Gabi est maintenant ami avec Coralie. Si ma coloc se tient avec un psychopathe, je suis parfaitement en droit de le savoir. Il en va de notre sécurité personnelle, à Chava et à moi.

J'insère la clé USB dans mon ordinateur portable et clique sur l'icône s'affichant à l'écran. Elle ne contient qu'un seul dossier avec une vingtaine de fichiers jpeg. Des photos. Je clique sur la première. Une jolie blonde apparaît, tout sourire. Le portrait semble avoir été immortalisé à l'aide d'un *selfie stick*. Sur la deuxième photo, prise dans le miroir, le visage est en partie dissimulé par le téléphone qui l'a capturé, mais on reconnaît tout de même la fille présente sur la première image. J'en ouvre une troisième, puis une autre et encore une autre. Je les regarde attentivement, une par une. Ce sont tous des *selfies* de la même personne. Mon camarade de classe ferait-il une fixation sur quelqu'un?

Cette fille ressemble étrangement à Gabriel. Peut-être s'agit-il de sa sœur? Se pourrait-il qu'il ait une sœur jumelle ? Si c'est le cas, pourquoi garder des photos d'elle sur une clé USB ? Ils ont les mêmes yeux verts aux longs cils, le même petit nez retroussé, le même grain de beauté… Tiens, tiens ! ÇA, c'est bizarre. Que leurs traits soient similaires (voire identiques) passe encore, mais que la loterie génétique les ait dotés d'un grain de beauté de la même taille, situé pile au même endroit ? C'est dur à avaler.

OH. MON. DIEU.

La jolie fille sur les photos n'est pas le sosie de Gabi.

C'EST GABI !!!

Mais pourquoi se déguise-t-il ainsi ? Costume d'Halloween ? Ça m'étonnerait. Le style est trop soigné, pas assez extravagant ni suffisamment caricatural. J'y pense, même en pantalon-chemise-cravate, Gabi paraît très efféminé en comparaison de Coralie. Comme si les rôles étaient inversés. Ce n'est pas si surprenant qu'ils soient amis, ces deux-là. Deux clowns en manque d'attention. Comme tous ceux qui se tiennent avec ma coloc, d'ailleurs…

Raison de plus pour que je reste loin d'elle. Et que je continue à préférer les animaux aux humains.

chapitre 7

NE FAIS PAS À AUTRUI CE QUE TU NE VOUDRAIS PAS QU'IL TE FASSE EN PLEINE FACE (FAIS-LE EN CACHETTE) !

Je suis vraiment contente de voir la voiture de mes parents s'avancer dans la grande allée de l'école pour venir me chercher. Je ne leur saute pas dans les bras pour ne pas avoir l'air trop bébé, mais une chose est certaine : je suis heureuse de retourner à la maison pour le week-end.

— Allez ! Raconte-nous !

C'est assez normal que mes parents aient envie de tout savoir puisque nos cartes SIM sont retirées de nos téléphones la semaine, et que l'école contrôle le wifi en tout temps. Ce n'est qu'entre 19 heures et 20 heures que nous avons accès à internet en dehors du local informatique et de la bibliothèque, et il n'est pas question pour moi de gaspiller du temps à texter mes parents. Donc, par où commencer pour parler de ma première semaine à Charles-Darwin ? Je voudrais tout raconter en même temps, à commencer par ma coloc de merde et son chat stupide. Je leur confie aussi que les profs de CCD sont vraiment plus cool que ceux que j'ai connus au primaire.

— Dans mon cours de maths, je dois dessiner une niche pour Harry, et savez-vous quoi ? Je la construirai pour de vrai !

Mon père s'étonne :

— Oh ! Wow ! C'est un beau projet, ça.

— Carrément !

Ma mère, qui se trouve derrière le volant, me regarde dans le rétroviseur.

— Je suis vraiment contente de t'entendre dire ça, ma Coco !

— Harry était super excité au début, mais avec les cours de dressage, ça va un peu mieux. Madame Barkov est super douée avec les chiens, et P-A est quand même cool, sûrement le plus cool de tous les éducateurs que j'ai rencontrés. Et Gabi, lui, est vraiment trop drôle. On s'entend hyper bien ! Mais je n'aime pas Patricia ; elle, elle m'énerve. Elle se prend pour la police et elle n'arrête pas de me surveiller. Mais le pire, c'est monsieur Monza, qui nous oblige à faire un jogging un jour sur deux dans la forêt derrière le collège. J'ai failli mourir d'une crise d'asthme, mardi. C'est un grand malade.

Mon père m'interrompt.

— Attends, tu vas trop vite ! Qui sont Gabi, Patricia et monsieur Monza ?

Je soupire ! Pas question que je recommence.

— Ah ! Sérieux ! Tu ne m'écoutes pas ! ?

— Si, si, on t'écoute, mais tu parles vite et tu oublies de nous mettre en contexte.

Je déteste quand on me demande de répéter ce que je viens de raconter. Quelle perte de temps! Et en plus, la deuxième fois, j'ai l'impression de manquer d'enthousiasme. Je recommence quand même depuis le début. De toute façon, la route est longue jusqu'à la maison, autant l'occuper un peu.

Un week-end chez moi à me reposer, c'est bien ce dont j'avais besoin. Mon frère Nic est venu manger avec nous vendredi, il en a profité pour nous présenter sa copine. Une fille gentille, mais sans intérêt. Le genre de personne qui ne parle jamais, un peu comme Carma. Si j'étais aussi silencieuse qu'elles, j'aurais l'impression d'être morte. Comment peut-on exister en restant aussi effacée? Il semble qu'on n'a qu'une vie à vivre, c'est stupide de la laisser défiler devant nous sans s'impliquer. En tout cas, c'est leur problème, moi je vis à cent mille à l'heure, et c'est la vitesse que j'aime.

En parlant de vitesse, ces derniers jours sont passés trop vite! On est déjà dimanche et je suis de retour au collège. Mes sentiments sont mitigés. Je trouve ça vraiment embêtant d'être toujours sous surveillance et de ne pas avoir accès à internet, donc ça me fait chier d'être de retour. Par contre, selon ce que mes amis m'ont raconté ce week-end, leurs cours ont l'air trop nuls à l'école secondaire de notre quartier, et moi, j'aime les miens. Sans oublier Gabi, que j'ai hâte de revoir, et les autres de la bande aussi.

De retour dans ma petite chambre, je constate que l'odeur de Carma a envahi toute la pièce en mon absence. Beurk ! Jusqu'à mon lit, qui sent comme elle. Même si elle n'est pas là en ce moment, j'ai l'impression qu'elle occupe mon espace.

Harry se couche par terre et moi, je range mon linge propre. Après, j'irai retrouver mes amis. À 19 heures, ce sera la réunion dans la grande salle, ce qui me donne une heure pour socialiser un peu. Après trois heures dans l'auto avec mes parents, j'en ai bien besoin.

J'entends mon chien qui ronge quelque chose, je me penche pour voir ce que c'est.

— Qu'est-ce que tu bouffes, gros bêta ?

MA SWITCH ? Elle était en dessous de mon lit pendant tout ce temps ? Et moi qui ai accusé Carma à tort. Oups ! Bah, d'un autre côté, elle aurait pu m'aider à la chercher et éviter que je la soupçonne. Avec son air de « je me fous de tout », pas étonnant qu'elle soit suspecte.

Je range ma Switch dans mon tiroir et je sors de la chambre en laissant Harry derrière moi.

Les couloirs commencent à s'agiter tranquillement avec l'arrivée des élèves. Puis, je réalise qu'on est dimanche et que le week-end, les pensionnaires ont un accès internet illimité. Il y a donc du wifi jusqu'à ce soir ! YES ! Je texte Gabi et l'on se donne rendez-vous à la cafétéria. Quand j'y pense, je détesterais rester ici pendant les congés, j'aurais encore plus l'impression d'être en prison.

Je suis contente de revoir mon ami. On se raconte notre week-end. Nous n'avons pas beaucoup de périodes libres pendant lesquelles on peut faire ce qu'on veut en secondaire un, donc je profite pleinement de celle-ci. D'ailleurs j'ai déjà hâte d'être plus vieille, car on m'a dit qu'il y a moins d'éducateurs et de surveillance en secondaire quatre et cinq !

Cassendre et Lyam se joignent à nous, les retrouvailles sont joyeuses. Pendant que Cass nous raconte son week-end à traîner à Montréal, où elle habite avec sa tante, un monsieur que je n'ai jamais vu avant l'interrompt pour nous informer que c'est l'heure du rassemblement. Mon amie ne se tourne même pas pour le regarder et lance, désintéressée :

— Oui, oui ! Relax, on y va.

Ce que mon amie n'a pas remarqué, c'est que malgré la voix juvénile, la personne qui s'adresse à nous est un adulte, et ce dernier n'apprécie guère le ton sur lequel on vient de lui parler.

— Excuse-moi, mais ce ton méprisant n'est pas une façon acceptable de me répondre. Comment t'appelles-tu ?

Cass lève les yeux au ciel. Il faut dire que le tact n'est pas sa plus grande qualité.

— Pardoooooooon...

Ses excuses ressemblent plus à un « je m'en fous » et moi, je me retiens de rire. L'homme au crâne rasé et aux lunettes rondes (comme celles de Harry Potter, mais à lui, ça fait une tête de rat) fronce les sourcils.

— Tu utilises le bon mot, mais encore une fois, pas le bon ton. Dis-moi ton nom, s'il te plaît.

Le surveillant est calme, son ton à lui n'a rien de menaçant. Il est même limite monotone. Mon amie, elle, lui répond en soupirant :

— Cassendre Boulet.

— Merci, Cassendre. Moi, je m'appelle Louis-Philippe, je suis le surveillant des aires communes le week-end, et je te rappelle que la politesse est une valeur prônée à Charles-Darwin.

Mon amie nous jette un regard complice et amusé. En se levant de sa chaise, elle lance :

— C'est bon, L-P, j'ai compris.

— Louis-Philippe.

Malgré sa douceur, le bonhomme n'a pas l'air très commode, et ça commence à m'agacer autant que Cassendre. Je lance à mon tour :

— Hé, on ne fait rien de mal, là ! Laisse-nous tranquilles, on y va, au rassemblement !

L'homme au crâne rasé se tourne vers moi.

— Toi, comment tu t'appelles ?

— Je n'ai pas à te dire mon nom... Cassendre, viens, on s'en va. Ce n'est pas une prison ici !

Il m'énerve grave, ce type. Et je vois là l'occasion de montrer à mes amis que je ne suis pas le genre de personne à me laisser marcher sur les pieds.

Le surveillant fait signe à Lyam et Gabi en souriant et dit :

— Vous deux, allez-y en premier, vos amies vont vous rejoindre dans quelques minutes.

Puis il dirige son regard vers Cassendre et moi.

— Et vous deux, vous venez avec moi.

Merde ! Sérieux ? C'est n'importe quoi !

Les garçons nous quittent, et je me prépare à me faire engueuler. Cassendre riposte :

— Hé, c'est quoi le problème ? On n'a rien fait !

Comme elle, je suis prête à me défendre : on n'a rien à se reprocher, je ne me laisserai pas accuser à tort !

— Aucun problème, les filles, vous allez juste m'aider à faire le tour des élèves pour leur annoncer que c'est l'heure du rassemblement. Notre petite conversation m'a mis en retard, alors à trois, ça ira plus vite.

On se regarde, mon amie et moi. Hein? C'est sérieux, ça?

Le surveillant nous fait signe de le suivre. Nous le faisons, sourire aux lèvres. Nous qui pensions être punies! Haha!

Nous entrons dans la salle de sport, où un garçon et une fille s'entraînent sur le ring de boxe. Ils sont visiblement plus vieux que nous, en secondaire quatre ou cinq, j'ai l'impression. Je ne connais pas encore tout le monde, mais ça viendra bien assez vite. Louis-Philippe nous regarde.

— Allez-y.

Il n'est pas sérieux? Il veut que j'aille dire à deux élèves de secondaire cinq que c'est l'heure du rassemblement? Je vais avoir l'air de quoi? Une lèche-bottes au service des profs! Non, merci! Devant notre hésitation, le surveillant insiste :

— Dépêchez-vous, ça commence dans cinq minutes et vous ne devez pas arriver en retard, vous non plus.

Je proteste un peu faiblement :

— C'est trop gênant, ce que vous nous demandez, on ne les connaît même pas.

— Je ne vous connaissais pas non plus il y a trois minutes.

Cassendre soupire et entre dans la salle en criant sans trop de conviction :

— C'est l'heure du rassemblement.

La fille se tourne vers nous, s'essuie le front et lance :

— Bon sang, voilà qu'ils engagent des mioches pour nous surveiller !

Cassendre fait demi-tour. Le visage rouge, elle ne nous regarde même pas et presse le pas vers la grande salle. Louis-Philippe lui demande d'attendre et nous confie :

— Ce n'est pas plus amusant pour moi que pour vous, d'avoir à faire régner la discipline. Respectez-moi, la prochaine fois.

Trop chiant, ce surveillant. Il aurait juste pu nous le dire. Pendant qu'on s'éloigne, je l'entends parler à la fille sur le ring :

— Marie-Soleil, cette façon de répondre n'est pas convenable. Tu devras faire tes excuses à Cassendre et Coralie avant le couvre-feu.

Je ne ralentis le pas pour écouter le reste de l'intervention. La fille répond :

— Excuse-moi, Louis-Philippe, je viens juste de recevoir un coup de poing sur le nez, je n'étais pas prête.

Je n'arrive pas à capter la suite, mais je savoure déjà le moment où cette Marie-Soleil me présentera ses excuses. L-P, t'es peut-être chiant, mais au moins, tu l'es avec tout le monde !

chapitre 8

CARMA POLICE

– Heureusement que je peux manger de la viande chez nous le week-end, sinon je pense que je deviendrais folle...

– Une vache folle !

– Ha ! Ha ! Crétin !

Je referme mon livre en avalant de travers la dernière bouchée de mon dîner. C'est ce qui arrive quand on oublie de mastiquer parce qu'on est trop occupée à épier la conversation à la table voisine... Au moins, la bouffe qu'on nous sert au collège est presque toujours bonne, et le menu entièrement végétarien par respect pour les animaux. Pour moi, ça ne fait aucune différence parce qu'on n'a jamais mangé de produits animaliers à la maison, mais il n'est pas rare, comme en ce moment, d'entendre certains élèves s'en plaindre. Ils n'ont pas l'air de se rendre compte qu'un porc, une vache ou une poule, c'est un animal au même titre que leur chat ou leur chien. Ça me semble un peu hypocrite de prétendre aimer les animaux tout en aimant les manger. Se faire croire que ce n'est pas pareil pour apaiser sa conscience ; c'est ce qu'on appelle la dissonance cognitive, selon ma mère.

Je n'ai pas l'intention de m'éterniser dans la salle des repas. Sinon je risque de finir par dire aux carnivores ma façon de penser. Assise à ma place habituelle – à moitié dissimulée derrière la grosse colonne qui sert d'étagère pour les bacs à vaisselle sale –, je jette un œil autour de moi pour m'assurer que personne ne me regarde. Ça me gêne un peu qu'on me voie manger seule. Même si, dans les faits, je ne suis pas vraiment seule, mais plutôt en tête-à-tête avec mon chat et Billie Eilish. Pas la chanteuse en chair et en os (ce serait bien trop beau pour être vrai !), mais plutôt la Billie Eilish de papier, celle que je découvre avec fascination dans sa biographie non autorisée. Elle est mille fois plus exubérante et colorée que moi, n'empêche que je m'identifie beaucoup à cette autrice-compositrice-interprète pour qui la musique est un refuge, une thérapie. Sa bio raconte que sa carrière a commencé dans sa chambre, où elle a composé ses premières chansons. C'est pareil pour moi. Dès que je suis seule dans ma chambre, j'en profite pour travailler les textes et composer les mélodies de mes futurs *hits*. Par contre, si, un jour, je connais le même succès que Billie, je compte m'inspirer davantage de la discrétion de ma chanteuse mexicaine préférée, qui protège farouchement son image et sa vie privée.

Ma lecture m'a donné envie d'aller pratiquer la chanson que j'ai composée durant le week-end, en l'absence de Coralie. Ma coloc rentre rarement dans la chambre entre le dîner et le couvre-feu. Elle préfère sûrement faire des conneries avec ses nouveaux amis...

J'enfonce mes écouteurs dans mes oreilles et sélectionne l'album *OK Computer* de Radiohead pour me mettre dans l'ambiance planante qui a inspiré ma nouvelle compo. Je ramasse mes affaires et dépose mon plateau de vaisselle sale au passage avant de quitter la cafétéria avec Chava, que je tiens en laisse. Elle commence à s'habituer au harnais grâce aux conseils de mon éducatrice féline. Avant, c'était l'enfer, elle s'affalait au sol et refusait de bouger, comme si elle était morte. Maintenant, elle arrive à se tenir sur ses quatre pattes et à avancer malgré les courroies qui lui donnent sans doute l'impression d'être ficelée comme un gigot. Elle fait de gros progrès, je suis si fière d'elle !

Mes parents ne pourraient probablement pas en dire autant de moi...

Hier, après avoir passé une bonne partie de mon dimanche à chanter entre les quatre murs de ma chambre, j'ai décidé d'aller me promener dans les couloirs de l'école pour me dégourdir les jambes et me débarrasser de la clé USB de Gabi. Il pleuvait très fort dehors, pas question de sortir en plein déluge. Je me disais que je trouverais bien un endroit pour la laisser traîner au sec et à la vue de quiconque passerait par là. Tandis que je flânais au cinquième étage, j'ai surpris une intervention assez musclée entre Louis-Philippe, le surveillant du week-end, et une élève de secondaire quatre ou cinq. À en croire leur échange, la fille aux cheveux mauves attachés en queue de cheval venait de se défouler sur son adversaire dans le ring de boxe de la salle de sport. Un garçon assez costaud, en retrait derrière, semblait plutôt sonné. Son air confus avait quelque chose de comique, mais le surveillant, lui, n'entendait pas à rire. Il n'arrêtait pas de répéter à la fille qu'elle devait apprendre à gérer son agressivité, ce à quoi elle répliquait que c'était justement la raison pour laquelle elle s'adonnait à la boxe. Bon point (poing ?) !

On doit être une vingtaine d'élèves tout au plus à rester au collège les week-ends et parmi ceux-ci, il y a une boxeuse furieuse... *Pas rassurant*, que je me suis dit à ce moment. Le surveillant me tournait le dos, la *psycho* à tignasse de licorne était trop occupée à se défendre et l'élève derrière, trop sonné pour remarquer ma présence. J'ai décidé d'en profiter pour glisser la clé USB sous une pile de feuilles, sur le bureau du surveillant. Il y a un poste comme celui-ci à chaque étage pour permettre à la personne responsable de s'asseoir quand il ne se passe rien (je suppose) et pour y déposer ses affaires. Louis-Philippe ne doit pas être de nature trop méfiante, parce que son trousseau de clés trônait au beau milieu du meuble, sans surveillance.

Une clé se détachait du lot. Elle semblait m'appeler.

Allez, Carma, prends-moi ! Le surveillant ne s'en apercevra pas.

Je me suis laissé tenter. Je n'ai pas trop réfléchi, en fait, mes mains ont libéré la clé du trousseau pour ensuite s'en emparer, tout ça sans que je puisse les arrêter. Mon rythme cardiaque s'est accéléré, mais je n'ai pas accéléré le pas pour autant. J'ai tâché de rester calme, en apparence du moins, tout en rebroussant chemin jusqu'aux escaliers, que j'ai dévalés sur la pointe des pieds. De retour dans la chambre, j'ai pris conscience de mon souffle court et de mes mains tremblantes, crispées sur mon butin.

Je ne savais pas trop ce que je ferais de cette clé. Je n'avais pas particulièrement envie de découvrir ce qu'elle ouvre. Je l'ai tout bonnement déposée sur ma table de chevet pour aller m'occuper de Chava, qui me dévisageait d'un regard perçant, l'air de dire : « Je sais que tu viens de faire un mauvais coup, mais t'inquiète, ça reste entre nous. »

Ça me fait penser que j'ai oublié de cacher l'objet volé depuis hier ! Il a passé toute la journée d'aujourd'hui bien à la vue de Coralie ou de quiconque serait entré dans notre dortoir. Je redouble de vitesse en tirant sur la laisse de Chava jusqu'à l'aile Est pour regagner ma chambre avant le retour de ma coloc. Tête en l'air comme elle est, Coralie n'y a sans doute pas fait attention, mais je ne suis pas prête à prendre le risque qu'elle trouve la clé.

La chanson *No Surprises* commence. C'est l'une de mes préférées de l'album, suivie de près par *Karma Police*. Même si j'aime tout ce que fait Radiohead, celle-ci me plonge dans un état particulier. Les notes enfantines de l'intro me font toujours sentir un peu nostalgique de l'époque où la vie était tellement moins compliquée. Il y a des jours où être une enfant me manque.

Une surprise m'attend de l'autre côté de la porte, comme un clin d'œil ironique à la chanson que j'écoute. Non seulement ma coloc est là, mais elle a de la compagnie. Gabi sursaute en me voyant entrer dans la pièce, alors que Coralie me salue de la main, sourire en coin. Quel culot!

Elle devrait pourtant être au courant qu'il est interdit de recevoir des invités, et que le pavillon C du pensionnat est réservé aux FILLES. À ce que je sache, GABI N'EST PAS UNE FILLE! Je suis dans tous mes états, mais mon niveau de rage est tel que je n'arrive pas à dire un mot. À défaut de pouvoir les engueuler comme du tofu pourri, je referme la porte et parcours l'étage à la recherche d'un adulte. Je ne vais certainement pas me gêner pour les dénoncer.

La police du karma, c'est moi. Ça apprendra à Coralie à ouvrir notre porte à un garçon !

chapitre 9

COURS, FOREST ! COURS !

— VITE, GABI !!! On va se faire choper à cause de toi !

— Je cours le plus vite que je peux !

Je passe la porte de l'aile du pensionnat des filles en cherchant un endroit pour me cacher. Je ne pense pas que Carma a eu le temps de prévenir la surveillante avant notre fuite. Je pousse la porte qui mène à la cage d'escalier et je me cache sous les marches, suivie de Gabi, qui vient se tapir à mes côtés en rigolant et en me chuchotant :

— T'es sûre qu'elle allait nous dénoncer ?

— Cent pour cent certaine !

— Elle est tellement chiante ! Je ne sais pas comment tu fais pour la supporter.

— Je fais comme si elle n'existait pas.

— Ah ! Ah ! En tout cas, si l'on était dans la même chambre, toi et moi, on s'amuserait vraiment beaucoup plus !

— Ouais, mais pour ça, il faudrait que tu sois une fille. Ah ! Ah !

— Ça ne me dérangerait pas !

Je regarde mon ami de la tête aux pieds et je souris.

— Tu ferais une belle fille !

— Tu trouves ?

Je crois que c'est la première fois que je vois un garçon flatté de se faire dire qu'il serait une belle fille... Mais dans le fond, je comprends Gabi, j'ai toujours été curieuse de savoir ce que ce serait d'être un garçon.

— Moi, si j'étais un garçon, la première chose que je ferais, ce serait de pisser debout ! Je pense que je pisserais partout ! Comme Harry !

— Ah ! Ah ! T'es vraiment conne, Coco !

— Je sais !

Je sors de mes poches la clé trouvée dans ma chambre et je demande :

— Tu penses que ça ouvre quoi ?

— Je ne sais pas ! Il faudrait d'abord savoir à qui ta coloc l'a piquée.

— Ouais… Pas évident. Tous les adultes ont un trousseau de clés, et elle peut voler n'importe quoi à n'importe qui.

Gabi prend l'objet et le regarde de plus près.

— Pourquoi t'es certaine qu'elle l'a volée ?

— Parce que c'est son genre. Elle est cleptomane, je te l'ai déjà dit.

— Tu crois que c'est elle qui a volé ma clé USB ?

— Ça ne me surprendrait pas. Il y avait quoi dessus ?

Mon ami me redonne la clé et hausse les épaules en avouant :

— Des photos un peu gênantes.

— Quel genre de photos gênantes ?

— Bah, des photos gênantes dans le sens qu'elles n'étaient pas toutes belles.

— T'en fais pas avec ça ! Si elle ne t'en a pas parlé, c'est probablement parce qu'elle ne les a pas regardées. Sinon, elle t'aurait sûrement provoqué.

Gabi se détend.

— J'avoue ! Ça servirait à quoi de voler des choses si ce n'est pas pour faire chier le monde avec ! ?

Je m'exclame :

— Exact ! Ce qui me fait penser que la clé doit donner accès à un endroit vraiment cool !

Nous attendons plusieurs minutes cachés sous l'escalier. Force est d'admettre que personne ne semble s'être lancé à notre poursuite. Ce qui est une bonne chose, même si c'est un peu décevant. Je n'y peux rien, j'aime l'action !

Comme il reste un certain temps avant qu'on nous oblige à rentrer dans nos chambres, nous décidons de tester la clé dans quelques serrures afin de trouver ce qu'elle ouvre. Mais si près du couvre-feu, c'est risqué de se promener dans le collège loin de nos dortoirs. Avec un surveillant par étage, les chances de se faire prendre sont nombreuses. Il y a tellement d'adultes ici ! S'ils en mettaient quelques-uns à la porte, ça coûterait peut-être moins cher à mes parents !

J'ai d'ailleurs remarqué que beaucoup de jeunes de l'école ont l'air vraiment riches. Ça se voit aux voitures qui viennent le vendredi. Il n'y a que mes parents en Kia !

— Essaye ici, Coco !

Gabi me pointe la porte du couloir qui mène au pavillon principal, où nous suivons nos cours. Évidemment, la nuit, la portion collège est verrouillée et il n'y a que la section du pensionnat qui est accessible. À cause du couvre-feu, c'est impossible pour Gabi et moi de nous rendre visite la nuit. Passer par l'extérieur serait la façon la plus efficace de se rendre du pensionnat des filles à celui des garçons, mais le système d'alarme sur la porte nous empêche de l'ouvrir sans avertir un surveillant. Si l'on trouvait le moyen de passer par l'intérieur en traversant le pavillon principal, ça diminuerait de beaucoup les risques de se faire prendre ! OK, il y a de la surveillance la nuit, mais je sais être discrète… parfois.

J'insère la clé dans la serrure en souhaitant que ce soit la bonne.

— Hé, Coco, tu ne trouves pas que ça serait trop cool que je puisse te rendre visite la nuit ?

— Carrément ! Tu viendrais me voir quand tu ferais des cauchemars et je te consolerais !

—Beurk ! Non, tu ne veux pas me voir pendant mes terreurs nocturnes, je te jure que je fais peur.

— Ah ! Sérieux ! Je suis contente que tu restes de ton côté, alors !

Nous éclatons d'un rire qui se transforme rapidement en déception, car ce n'est pas la bonne porte.

L'heure avance, Gabi doit regagner l'aile D.

— Demain, on essayera d'autres portes. Bonne nuit, Gabi !

Je retourne à mon étage en sifflotant ; je n'ai pas mis les deux pieds dans le couloir que Patricia m'interpelle.

— Coralie, est-ce que je peux te voir, s'il te plaît ?

Ah non ! Voilà les ennuis.

— J'allais me coucher, madame. Je suis pile à l'heure, regardez !

Je lui montre l'écran de mon téléphone, mais Patricia me répond sans même le consulter :

— Tu sais qu'il est interdit pour un garçon de venir dans les dortoirs des filles ?

Tête de fille innocente, petite voix mielleuse, je joue le grand jeu.

— Oui, pourquoi ?

— Carma m'a dit qu'elle t'a surprise dans votre chambre avec un garçon.

Tête de fille étonnée et indignée. Donnez-moi un Oscar pour mon jeu d'actrice incroyable !

— HEIN ? ! Comment ça ?! J'étais avec Cassendre.

Au même moment, mon amie passe justement dans le couloir avec une serviette enroulée sur la tête et une autre autour du corps. (Sérieux, moi je ne me promène jamais en serviette dans le couloir, j'ai beaucoup trop peur qu'une fille tire dessus et que je me retrouve toute nue ! Mais comme Cassendre a le coup de poing facile, j'imagine que ça l'immunise contre le tirage de serviette !) Je hausse la voix en tentant de faire de la télépathie avec mon amie.

— C'est vrai, Cassendre, que j'étais avec toi tout à l'heure, dans ma chambre ?

— Oui, pourquoi ?

Oh *yes* ! Elle a compris et est entrée dans mon jeu. Patricia se pince les lèvres en croisant les bras.

Sourire de victoire. Je soutiens son regard ; pas question que je baisse les yeux avant elle. C'est une technique de domination que les chiens utilisent, et dans ce cas-ci, c'est moi qui gagnerai, c'est promis !

— Bon, va dans ta chambre et sache que si un garçon se fait surprendre ici, il risque d'avoir un surveillant en tout temps à ses côtés. J'imagine que tu ne voudrais pas qu'un de tes amis se fasse suivre toute la journée à cause de toi.

QUOI ? Un surveillant en tout temps ? Mais ils sont fous, ou quoi ? ? MERDE ! J'ai baissé les yeux. Et Patricia m'a vue.

Vieille conne !

Octobre

IDÉES DE GÉNIE POUR FAIRE CHIER CARMA :

– Couper une mèche de ses longs cheveux noirs pendant qu'elle dort.

– Brosser la cuvette des toilettes avec sa brosse à dents.

– Remplacer son shampooing par du savon pour le corps.

– Mettre de la litière dans son lit. (Ajouter des crottes aussi??)

– Raser le dessus de la tête de son chat.

chapitre 10

PROMENONS-NOUS DANS LES BOIS (PENDANT QUE L'ÉDUCATRICE N'Y EST PAS)

Une branche craque. J'ouvre les yeux en tournant la tête vers la gauche. J'aurais juré que le bruit provenait du sentier juste à côté, mais je ne perçois aucun mouvement. Tous mes sens sont aux aguets. Je scrute les bois à la recherche d'un intrus, irritée rien qu'à l'idée d'avoir été suivie. Il n'y a pas moyen de méditer en paix, par ici? Je me suis pourtant assurée de semer le groupe en m'éloignant le plus discrètement possible avec Chava, qui déteste les cours d'éducation physique autant que moi. À Charles-Darwin, même les chats doivent garder la forme. J'ai marché en portant *mi gatita* pendant quinze bonnes minutes dans la direction opposée à celle empruntée par le troupeau de moutons. Je me suis enfoncée dans la forêt au risque de me perdre ou de tomber face à face avec une bête sauvage. Tout ça pour éviter la course à pied. Ça peut sembler un peu paradoxal de marcher autant pour échapper à une séance d'entraînement, mais ce que je cherchais surtout, c'est la tranquillité.

J'avais prévu le coup. J'ai enfilé des vêtements de sport dans les tons de brun et orange. Le camouflage parfait pour me fondre dans le paysage d'automne. Je parie que monsieur Monza, le prof de gym, n'a même pas remarqué mon absence. Je vais avoir de gros ennuis si je me fais prendre, mais il fallait absolument que je m'éloigne du reste du monde. C'était essentiel pour ma santé mentale. Je veux bien croire que le Collège Charles-Darwin accueille exclusivement des élèves avec des difficultés d'apprentissage et des problèmes de comportement, n'empêche que j'aurais espéré qu'on soit plus nombreux à foutre la merde EN SILENCE. Vraiment, je n'en peux plus. Tout le monde est tellement hyperactif et bruyant! Pas surprenant que Coralie se soit fait autant d'amis. Ils sont presque tous aussi insupportables qu'elle. Bon, j'exagère, c'est clair : personne ne lui arrive à la cheville quand vient le moment de fatiguer les gens (monsieur Monza est assez doué aussi, sauf qu'il est payé pour ça, lui).

Je n'ai jamais compris pourquoi les gens ont tant besoin de faire partie d'un groupe d'amis. Perso, je ne vois pas l'intérêt de m'entourer de plein de monde qui s'habille comme moi, pense comme moi, parle comme moi. Je me suffis à moi-même, tant que Chava est là.

Quand je regarde Coralie se balader avec sa petite bande d'extravertis qui se croient tout permis, je remarque qu'ils ont un besoin incontrôlable de parler, parler, parler. Dire tout un tas de conneries pour oublier le vide intersidéral qui souffle entre leurs deux oreilles. Moi, j'aime prendre le temps de me poser quelque part pour observer, écouter, penser. Sauf que c'est impossible de réfléchir quand tout le monde parle en même temps ! On ne s'entend pas.

Mais pourquoi je pense à Coralie ? Je suis venue méditer pour me changer les idées, pas pour me pencher sur la source de tous mes problèmes. C'est un peu contre-productif. Allez, il faut que je me force à faire le vide dans mon esprit.

Pense à rien. Pense à rien. Pense à rien.

Les yeux fermés, je me concentre sur ma respiration. Sur le ronronnement de Chava, roulée en boule près de moi. Sur la surface dure et froide de la grosse pierre où sont posées mes fesses. Sur le vent qui siffle entre les feuilles. Sur la caresse du soleil qui réchauffe de façon agréable, sans brûler la peau. Sur le chant bizarre, mais amusant d'un oiseau que je serais incapable d'identifier (les seuls noms d'oiseaux que je connais, c'est «pigeon», «moineau», «quetzal» et «perroquet»).

Crac!

OK, cette fois, je suis absolument certaine d'avoir entendu un craquement. Et le bruit de branche qui casse est suivi d'un grognement. J'ouvre à nouveau les yeux, juste à temps pour voir une créature poilue foncer sur moi, ses crocs sortis. Je place mes bras en position défensive et crie:

– Haaaaaaaa!

– HARRY, NON!

J'aurais dû m'en douter. Même au fin fond des bois, même en situation d'illégalité à un kilomètre de l'endroit où je devrais me trouver, Coralie et son chien sont là pour nous embêter, Chava et moi. Il ne m'a pas mordue, mais ma chatte l'a tout de même griffé sur le museau pour me protéger. Bien fait pour lui ! Je caresse Chava pour la féliciter tout en interrogeant Coralie.

– Je peux savoir ce que… ce que vous faites ici ?

Elle rattrape Harry par le collier pour le ramener à ses pieds d'un geste ferme, comme on le lui a appris dans le cours de dressage, et me répond :

– Je pourrais te poser la même question…

Je fais semblant de chasser un poil invisible sur mon kit de camouflage et plisse les yeux, davantage agacée par son intrusion que par les rayons du soleil.

– J'essayais de méditer, si tu veux tout savoir.

Elle rit.

– Ce ne sont pas juste les *madames* de quarante ans en *burn-out* qui font de la méditation ?

– Euh… tellement pas !

J'hésite à me donner la peine d'argumenter avec elle. La méditation, c'est une pratique millénaire qui compte de plus en plus d'adeptes chez les jeunes. Évidemment, Coralie est beaucoup trop immature et tête en l'air pour s'adonner à une activité qui demande un minimum d'introspection. Il fallait s'attendre à une telle réaction de sa part. Je soupire.

Un étrange bourdonnement interrompt notre duel de regards. Harry recommence à s'agiter tandis que le bruit s'intensifie. On croirait entendre un essaim d'abeilles meurtrières. J'ai du mal à comprendre d'où ça provient, mais quelque chose me dit que la menace approche. Coralie panique. Aurait-elle peur des abeilles? On est toutes les deux trop occupées à trouver la source du bourdonnement pour que je daigne le lui demander.

Je crois que c'est Coralie qui l'aperçoit en premier – à moins que ce ne soit Harry? Toujours est-il qu'au moment où le drone s'arrête au-dessus de sa tête, il est déjà trop tard pour fuir et se mettre à l'abri. On nous a repérées.

Un drone.

Sérieux?!

J'avais entendu dire que le collège en utilisait pour assurer la surveillance sur le terrain et dans le bois, mais je ne les avais encore jamais remarqués. J'ignore si Coralie connaissait leur existence, mais à voir la violence avec laquelle elle attrape l'appareil, puis se met à le frapper et à l'écraser à grands coups de pied, je devine qu'elle ne s'opposerait pas à leur disparition. Je ne l'ai jamais vue aussi enragée. Elle est totalement hors de contrôle! Même Harry se met de la partie, jappant après le drone dont le bourdonnement faiblit à mesure qu'il se fait rouer de coups.

Chava, quant à elle, bondit de la pierre et, avant que j'aie le réflexe de la retenir, la voilà qui grimpe dans l'arbre le plus proche. Au lieu de chercher à la faire redescendre ou d'intervenir pour calmer l'éclair de folie de Coralie, j'attends bêtement que l'orage passe.

Quand elle s'arrête enfin, Coralie est tout échevelée et se met à cracher des mots dans un débit encore plus rapide que d'habitude, sans même se donner la peine d'articuler :

– *Fuck! Fuck! Fuck!* Qu'est-ce que je viens de faire? Je suis dans la merde...

Sous le choc, je me contente de hausser les épaules pour feindre l'indifférence. Mon visage dit : « Pas mon problème. » Mais ce que je pense réellement, c'est : « Cette fille est dangereuse. »

– On pourrait dire que c'est un accident ? propose Coralie.

– Je… je… ne vois pas pourquoi je mentirais pour te couvrir…

– Parce qu'on est dans la même situation.

– Non. C'est toi qui as détruit le drone, p-p-pas moi.

– Oui, mais il nous a vues toutes les deux.

– Je n'en suis pas si sûre.

Coralie passe une main nerveuse dans ses cheveux courts.

– Tu peux bien rester plantée là comme une rejetée, mais attention aux bêtes sauvages. Harry fait dire qu'on vous sent à des kilomètres à la ronde, ton chat et toi !

N'importe quoi ! J'ai pris ma douche hier soir. D'ailleurs, pour une raison qui m'échappe, mes cheveux ont toujours l'air gras ces jours-ci. Je jure pourtant m'être lavée de la tête aux pieds. J'attends tout de même qu'elle s'éloigne pour me renifler subtilement les aisselles. Ça sent rien. Il me semble...?

– Tu peux redescendre, Chava. Ils sont partis.

Il ne me reste plus qu'à espérer que je n'aurais pas à grimper dans l'arbre pour aller la chercher. J'ai eu mon lot d'émotions fortes pour la journée.

chapitre 11

RIEN NE SERT DE COURIR, IL FAUT PARTIR PLUS LOIN

Sérieux, monsieur Monza me tapait sur les nerfs ce matin avec sa course de merde. J'avais mon petit-déjeuner qui se retournait dans mon estomac, tellement que j'ai failli vomir. Vraiment, c'est de la torture, ces courses. Je suis certaine que c'est illégal de nous faire faire autant d'exercice ! Pour éviter de me taper une crise d'hyperventilation, j'ai préféré m'éclipser subtilement du groupe pour avoir la paix, plutôt que d'y aller à mon rythme comme le recommandait notre prof. J'ai l'air de quoi, moi, derrière tout le monde à courir comme une vieille grand-mère ? Facile à dire, d'y aller à son rythme ! La vérité, c'est que si t'es pas dans les premiers coureurs, t'as l'air d'une mémé.

Mais là, à cause de ma coloc de merde je me retrouve encore en train de courir comme une dingue ! SÉRIEUX ?! À quoi elle a pensé ? Une seule élève de moins dans le groupe, ça peut passer inaperçu un moment, mais deux absentes, c'est trop évident. Elle est conne ! C'est à cause d'elle que je viens de péter ce foutu drone en plus.

Je ne voulais pas le détruire. C'était juste trop effrayant comme situation, je me serais crue dans un film de science-fiction en guerre contre des robots destructeurs de l'humanité. Oui ! J'ai pété les plombs et le drone de surveillance. Et là, je cours pour échapper à mon destin.

Carma me fait vraiment chier. Mon plan, c'était de me cacher jusqu'à ce que la course soit terminée et de réintégrer le groupe incognito à la fin. Mais maintenant, parce que ma coloc a eu la brillante idée de s'éclipser du groupe en même temps que moi, je suis une fugitive. Je te jure, Carma Martin, que tu ne t'en tireras pas comme ça. Je te dénoncerai, je ne serai pas la seule punie, sois-en assurée !

Je suis tellement en colère que je ne trouve plus la force de me sauver. Je manque d'air, je cherche Harry du regard, mais je ne le vois plus. Je m'arrête pour l'appeler.

— Harry ! Harry !

Ce n'est pas vrai ! Mon chien ! Où est mon chien ? Il me suivait il y a deux minutes. Je crie à pleins poumons : « HAAAAARRYYYY ! » C'est n'importe quoi ! Tout est de la merde !

À bout de souffle, je me tais. Appuyée contre un arbre, je cherche à reprendre mon souffle.

Je viens de casser le drone de l'école, j'ai perdu mon chien et je sens que je vais recracher mes poumons. Dire que ce matin, je me disais que ça faisait déjà un mois que j'étais ici et que je commençais à aimer ça ! Foutue école de fous !

— Coralie, est-ce que tout va bien ?

J'essuie mon visage plein de larmes avant de me retourner pour faire face à mon éducateur Je suis très énervée, j'ai beau essayer de respirer normalement, j'hyperventile, je crie avec le peu d'oxygène qu'il me reste :

— NON ! J'AI PERDU HARRY !

Surprise, j'aperçois mon chien assis aux pieds de P-A. Je gémis :

— Tu l'as retrouvé ?

P-A me montre le petit sifflet à ultrasons qu'il tient dans ses mains. Je m'accroupis, mon chien accourt vers moi. Je suis si soulagée de l'avoir retrouvé que ça me calme.

— Est-ce que tu peux m'expliquer ce qui ne va pas ? J'étais inquiet pour toi.

— Je cherchais mon chien.

— Tu cherchais ton chien ?

C'est ce que je viens de dire, il me semble ! Il est sourd, ou quoi ? La meilleure façon d'avoir l'air crédible, c'est de croire à son propre mensonge. Alors oui, j'étais en train de courir après Harry qui s'était enfui du cours de gym ! Désolée, mon toutou, de te mettre ça sur le dos, mais je n'ai pas le choix.

— Est-ce que tu peux me dire ce qui est arrivé au drone de surveillance ?

— Je ne sais pas.

— Pourtant, je t'ai très bien vue avec la caméra. J'aimerais que tu m'expliques ce que je t'ai vue faire s'il te plaît.

— J'en sais rien, moi... Je n'étais pas là !

P-A s'avance doucement vers moi.

— Écoute, Coralie, je vois bien que tu es dans tous tes états. Nous allons retourner à l'école et tu vas me raconter ce qui vient de se passer.

Je hurle :

— NON ! JE NE VEUX PAS Y RETOURNER.

L'éducateur s'assied sur le sol et parle calmement.

— T'as peur ?

— NON ! Je l'ai déjà dit ! Je cherchais Harry... C'est à cause de Carma.

— Carma ?

— Oui ! Je pense que c'est elle qui a volé Harry pour venir le perdre dans le bois. Je venais juste de la retrouver quand le drone est arrivé. J'ai paniqué, j'ai pensé que c'était elle qui manipulait l'engin.

— Vraiment ?

Je m'assieds à mon tour au sol, un peu plus calme.

— Je te le jure !

— Fais attention à ce que tu jures, Coralie. Jurer, c'est promettre solennellement, c'est me demander de t'accorder ma confiance. Si tu brises cette confiance, je devrai prendre les mesures nécessaires pour m'assurer qu'à l'avenir, tu tiendras parole.

Je me relève.

— HEIN ?! De quoi tu parles ?

— Pourquoi crois-tu qu'il n'y a pas de caméra dans ta chambre ? Pourquoi personne ne t'accompagne du soir au matin dans tes déplacements ? Pourquoi il t'est permis d'aller à la salle de bain sans surveillance ? Pourquoi peux-tu aller dehors avec tes amis après l'école ?

Je trouve P-A très lourd avec ses questions stupides. Je peux faire tout ça parce que c'est comme ça. Parce que j'ai le droit, c'est tout !

— Ce n'est pas une prison, ici, à ce que je sache, c'est une école ! C'est normal que j'aie le droit de faire tout ça.

— En fait, oui et non. Chaque liberté que tu as, tu la mérites. Plus on te fait confiance, plus tu as de libertés, et vice versa.

— T'es en train de me dire que si je perds ta confiance, tu me suivras jusque dans les toilettes ?

J'ai les bras croisés, les dents serrées, c'est n'importe quoi ! Il dit ça juste pour me faire peur.

P-A se lève, glisse ses mains dans ses poches et me prévient :

— Écoute, Coralie, t'es intelligente. Assez intelligente pour comprendre que la vérité finira par se savoir et que tu devras en assumer les conséquences. Donc, pèse le pour et le contre avant de jurer. Pour le moment, ce qu'on va faire, c'est retourner au collège, et l'on reparlera plus tard de tout ça. J'ai l'impression que tu as eu ta dose d'émotions pour aujourd'hui, non ?

C'est vraiment n'importe quoi. Je n'ai même pas d'émotions ! Et c'est impossible que P-A me suive partout, tout le temps, il n'a pas que moi à superviser. Ce n'est pas la première fois qu'un éducateur me dit qu'il m'aura à l'œil, mais la vérité, c'est que chaque fois, j'arrive toujours à échapper à leur « surveillance ».

Je n'ajoute rien à cette conversation. C'en est assez ! Et de toute façon, je ne suis même pas si intelligente que ça... P-A s'en rendra bientôt compte !

Je le laisse quand même m'entraîner vers le collège, car je sais que j'ai été convaincante quant à mon innocence, et je savoure déjà la défaite de Carma.

chapitre 12

QUAND LE CHAT EST LÀ, LES SOURIS NE DANSENT PAS

– Carma Martin ?

Je me lève d'un bond, soulagée de ne plus avoir à soutenir le regard de Coralie. C'est la première fois de ma vie que je me réjouis d'être appelée par le directeur. Depuis plus de quinze minutes, je m'efforçais de garder la tête haute pour ne pas donner à ma coloc la satisfaction de me voir baisser les yeux. Je ne suis pas stupide, je vois clair dans son petit jeu. Coralie se prend pour un mâle alpha, et j'avoue qu'avec ses cheveux courts, son pantalon d'uniforme et son air méchant, elle est assez convaincante. Mais je ne me laisserai pas intimider aussi facilement ! J'ai bien l'intention de profiter du fait que je passe la première dans le bureau de monsieur Sioui Roberge pour rejeter tout le blâme sur elle.

J'entre dans la pièce en prenant bien soin de refermer la porte derrière moi pour empêcher ma colocataire d'épier notre conversation. Monsieur Sioui Roberge me fait signe de m'asseoir dans le fauteuil face à son bureau. Je pose mes fesses sur le bord du siège, le dos bien droit, prête à déguerpir.

– Mademoiselle Martin, qu'est-ce qui vous amène ici ?

Sa question me déstabilise. La meilleure stratégie pour éviter de m'incriminer serait sans doute de lui renvoyer la balle.

– À-à vous de m-me-me le dire...

– Je sais très bien ce qui vous amène dans mon bureau, et nous y reviendrons. Ce qui m'intéresse pour le moment, c'est de connaître vos motivations à étudier au Collège Charles-Darwin.

Monsieur Sioui Roberge est un homme imposant. Pas qu'il soit particulièrement grand ni costaud (il est dans la moyenne, je dirais), mais il dégage une telle force de caractère, une telle sagesse, que sa voix grave et posée inspire autant de respect que ses silences. Comme un lion au repos. Quelque chose m'indique qu'il ne sert à rien de lui mentir.

– Ça arrange mes parents de-de pas avoir à s-s'occuper de moi durant l'année scolaire, et moi, ça m'arrange de pouvoir pa-passer tout mon temps avec mon chat.

Il hoche la tête d'un air compréhensif. Je me sens comprise malgré mon bégaiement, mais pas rassurée pour autant. J'appréhende un peu la suite des choses.

– J'ai entendu dire que tu ne faisais pas beaucoup d'efforts pour t'intégrer. C'est vrai?

– Ça dépend de ce que vous entendez par «s'intégrer».

– Participer en classe, échanger avec ton éducatrice, t'ouvrir aux autres élèves.

– Je... je ne sens pas vraiment le besoin de me faire des amis.

– Vanessa dit que tu refuses son aide. Elle a essayé à plusieurs reprises de discuter avec toi, mais tu la repousses chaque fois.

Difficile de le contredire à ce sujet. Mon éducatrice s'est pointée souvent à la porte de ma chambre depuis la rentrée, mais je prétexte toujours être trop occupée pour lui parler (du grand n'importe quoi !). Au dernier rassemblement, elle m'a prise à l'écart pour me dire qu'elle s'inquiétait pour moi, qu'elle avait l'impression que je ne me plaisais pas ici et qu'elle ne savait pas quoi faire pour m'aider à me sentir chez moi. Elle m'a même invitée à aller consulter la psychologue de l'école, avec qui je serais «peut-être plus à l'aise de discuter» (pour reprendre ses mots). Je n'ai pas osé lui dire que le seul endroit où je me sens à ma place, c'est dans ma tête avec ma musique plein les oreilles et Chava dans mes bras.

Monsieur Sioui Roberge me dévisage de ses yeux brun foncé, presque noirs. Son visage est lisse, bien que ses sourcils soient froncés. Ça lui donne un air concentré. Il paraît plutôt jeune pour son âge. Au fait, quel âge peut-il avoir ? Quarante ans, peut-être plus ? Cinquante ? Dur à dire. Ses épais cheveux noirs parsemés de blanc sont trop courts pour être attachés, mais assez longs pour retomber en deux vagues folles de chaque côté de sa tête. Sa coiffure détonne avec ses habits propres de monsieur sérieux.

– J'ai l'impression qu'on se ressemble beaucoup, toi et moi.

Eh bien! Je m'attendais à tout, sauf à ça. J'ai beau chercher, je ne vois vraiment pas en quoi je ressemble au directeur de l'école. Trop gênée pour le regarder, je fixe plutôt mon attention sur un objet artisanal posé sur son bureau. Dans un cerceau de bois se trouve un bout de tissu tendu sur lequel on a brodé les mots suivants :

Nous aimons la tranquillité;
Nous laissons la souris jouer en paix;
Quand les bois frémissent sous le vent,
nous n'avons pas peur.

On dirait un poème. J'avance la main pour effleurer les lettres, sentir le relief des fils sous mes doigts. C'est doux et raboteux. Ça me rappelle les après-midis à observer ma grand-mère s'activer devant son métier à tisser. La voix du directeur me tire de ma rêverie.

– Qu'est-ce que tu faisais dans les bois, loin du reste du groupe?

– J'avais besoin de silence.

Je suis étonnée par ma propre sincérité. Et dire que je prévoyais d'inventer un mensonge pour mettre la responsabilité sur le dos de Coralie. Je note au passage qu'il a délaissé le vouvoiement, ce qui me semble quand même de bon augure, dans les circonstances.

– Tu as pris le risque de sécher ton cours et d'inquiéter monsieur Monza pour un peu de silence ?

– Oui...

– Tu sais que tu peux te réfugier dans ta chambre après les cours quand tu veux être tranquille ?

– Avec la coloc que j'ai, ma chambre, c'est plutôt le pire endroit pour avoir la paix.

– Je vois. Entre toi et moi, sache que je comprends tout à fait ton besoin de solitude, mais je ne peux pas approuver ce genre de comportement.

Je hoche la tête, tiraillée entre les remords et le soulagement.

– Je suis obligé de te donner un avertissement pour cette fois. Car je crois que nous avons tous droit à une seconde chance. N'est-ce pas ?

– Un avertissement ? C'est tout ?

Oups ! Un peu plus et je lui demandais une sanction plus sévère.

– Oui, c'est tout. Pour cette fois, répète-t-il. Mais ma compréhension a ses limites et le collège a des règles claires. Au prochain avertissement, on engage un éducateur uniquement pour toi. Tu ne dois pas être le genre de personne qui aime être surveillée en tout temps, j'imagine ?

– Non, pas vraiment.

– Ici, le concept est simple. Plus nous avons confiance en toi, plus tu as de liberté, et vice versa. C'est compris ?

– Compris.

– C'est bon, tu peux aller rejoindre ton groupe.

Je souffle un faible « merci » en me levant du fauteuil et me dirige vers la porte avec mon sac en bandoulière. La main sur la poignée, je m'apprête à quitter la pièce, mais la voix de monsieur Sioui Roberge me retient :

– Tu n'oublies pas quelque chose ?

– Euh... non ?

– Ma broderie. Tu as oublié de la redéposer sur mon bureau.

La broderie ! Je me souviens à peine d'avoir glissé le poème en tissu dans mon sac. Comme si ma main l'avait subtilisé sans que mon cerveau n'enregistre l'information. Pas fort. Vraiment pas fort. Embarrassée, je bredouille des excuses en redonnant l'objet au directeur, qui ne semble pourtant pas fâché.

– Tu sais qu'on a un atelier de couture et de broderie, ici ?

– N-n-non, je savais pas.

– Ce n'est pas la salle la plus fréquentée du collège, disons. En général, il n'y a pas un chat. L'endroit parfait pour avoir la paix...

Je lui réponds d'un sourire timide, mais sincère. Le message est clair, je le reçois cinq sur cinq. D'après l'image mentale que je m'en fais, ce local est tout le contraire du parc à chats, tellement bondé. Cette salle - où les minets peuvent se faire les griffes sur des grattoirs, se prélasser dans des hamacs, se chamailler au sommet des structures à grimper - serait géniale si elle n'était pas aussi fréquentée par les humains accompagnateurs de félins. C'est d'ailleurs la raison pour laquelle Chava et moi n'y sommes allées que deux ou trois fois. Si le directeur dit vrai, l'atelier de couture pourrait, en revanche, devenir notre petite oasis de tranquillité.

Je me dirige à nouveau vers la porte, puis quitte le bureau en tâchant d'afficher l'expression la plus neutre possible. Pas question de donner des indices à Coralie sur l'issue de cette visite chez le directeur. J'ose espérer que la punition sera plus sévère de son côté. Après tout, elle a massacré un drone appartenant à l'école, ce qui me paraît encore plus grave que sécher un cours.

Ça me fait penser : le directeur ne m'a même pas posé de questions à ce sujet. Peut-être que les images interceptées par l'appareil de surveillance lui suffisent à tirer ses propres conclusions.

– Coralie April ?

Ma coloc entre à son tour dans le bureau. Face au tableau d'affichage du secrétariat, je fais semblant de lisser le pan de ma jupe écossaise pour gagner du temps. J'ai besoin de savoir si Coralie a pu entendre des bribes de mon entretien avec le directeur. La pièce est-elle suffisamment insonorisée pour qu'aucun bruit ne filtre à travers les murs en boiserie ?

La réponse me parvient aussitôt. Ça ne fait pas trente secondes qu'elle est dans le bureau que Coralie élève déjà la voix.

– Je ne sais pas ce que Carma vous a dit, mais savez-vous que c'est une sacrée menteuse en plus d'être une voleuse ?!

Je n'en crois pas mes oreilles ! La garce, elle va me le payer cher ! Je tente de me consoler en pensant que monsieur Sioui Roberge verra clair dans ses mensonges.

– Tu ne devrais pas être en classe, toi ?

Le secrétaire me regarde de travers par-dessus ses lunettes disproportionnées.

– Hein ? Euh... si, si. J'y-j'y allais, ju-justement.

Et moi qui me croyais subtile. C'est raté. Il faudra revoir mes techniques d'invisibilité.

chapitre 13

L'HABIT NE FAIT PAS LE DIRECTEUR

J'ai beau tendre l'oreille au meilleur de mes capacités, je n'arrive pas à entendre ce qui se dit dans le bureau du directeur. Carma est certainement en train de tout mettre sur mon dos. Je le sais, parce que c'est exactement ce que j'ai l'intention de faire une fois que mon tour viendra !

Après quelques minutes à m'arracher les tympans, je vois la porte s'ouvrir et Carma la franchir avec sa tête de pimbêche sans émotion qui se prend pour la plus cool de l'école.

Regard défiant vers ma coloc. J'entre dans le bureau.

Rapidement, je mets cartes sur table en haussant le ton :

— Je ne sais pas ce que Carma vous a dit, mais savez-vous que c'est une sacrée menteuse en plus d'être une voleuse ?!

Le directeur, en habit-cravate, ne réagit pas.

Zut! J'étais pourtant convaincue que mon entrée en matière serait efficace. Ce n'est pas la première fois que je visite le bureau d'une direction d'école. Chaque fois, j'utilise la même tactique : révéler quelque chose d'inquiétant à propos d'un autre élève. C'est une façon de détourner l'attention sur autre chose que moi. Ça marche à tous les coups ! Enfin, aujourd'hui reste encore à confirmer.

Je me laisse tomber sur la chaise de cuir. Moins j'aurai l'air stressée, mieux ce sera. Mais la vérité, c'est que j'ai chaud et que mon cœur bat à cent mille à l'heure. Je dois faire un effort, il faut absolument que j'aie l'air de la fille qui n'a rien à se reprocher.

Le directeur me regarde dans les yeux. Aussi calme qu'un prêtre en pleine messe, il me lance :

— Bonjour, Coralie. Tu ne trouves pas qu'il fait chaud ici ? Est-ce que ça te tente de sortir un peu ?

Hein ? C'est sa façon de me dire qu'il me renvoie de l'école, ou quoi ?

— Euh... C'est comme vous voulez, monsieur...

— Parfait, alors on sort !

L'homme empoigne son manteau, ouvre une boîte en carton qui traîne dans un coin de la pièce, y prend un pull à capuche à l'effigie de l'école et me le lance.

— Tiens, il est à toi.

— Euh... merci.

Ça y est, je ne comprends plus rien. Je fais des conneries et il me donne des cadeaux. Il est stupide, ce type ?

Une fois à l'extérieur, monsieur Sioui Roberge respire un grand coup et s'exclame :

— Ah ! Ça fait du bien de prendre l'air de temps en temps !

Je souris tout en restant sur mes gardes. L'homme se met à marcher dans l'allée bordée d'arbres, je le suis.

— Alors, Coralie ? Comment trouves-tu la vie à Charles-Darwin ?

Je hausse les épaules. Je le vois venir avec ses questions. Si je réponds que j'aime ça, il me demandera pourquoi j'ai cassé le drone et si je réponds que je n'aime pas ça, il me dira : « Est-ce que c'est pour ça que tu t'en es prise au drone ? »

— Ça m'étonne de te voir si silencieuse. Ton tuteur m'a pourtant dit que tu étais une élève qui rayonnait. Super sociable et amie avec presque tout le monde.

Je suis surprise.

— Il a dit ça ?

— Oui.

Je souris encore. Le soleil me tape dans le visage, je mets ma main devant mes yeux pour tenter de déchiffrer l'expression de mon directeur. Il a l'air aussi calme et sérieux que tout à l'heure.

— Comment va Harry ?

— Bien.

— Est-ce que tu crois qu'il aime le collège ?

— Oui, vraiment ! Il n'a jamais eu autant d'attention de sa vie. Avant, il rongeait plein de trucs dans notre maison et dans ma chambre, mais maintenant, il ne le fait plus.

— Je suis content d'apprendre ça. À ton avis, comment réagirait-il si tu le ramenais dans sa vie d'avant ? Toi qui vas à l'école toute la journée et tes parents au travail, sans que personne ne puisse prendre soin de lui ?

Je rigole.

— Je pense qu'il tomberait dans une sacrée dépression !

L'homme cesse de marcher et se retourne pour faire face au collège. Je fais comme lui. Il souffle, pensif :

— Ici, c'est la plus belle vue de l'école. Celle que l'on voit quand on arrive. Je me rappelle encore ma première journée comme élève !

Je fixe le bâtiment, je me souviens aussi très bien de mon arrivée ici. J'avais l'impression d'être à Poudlard !

— Vous avez étudié ici ?

— Oui et non. En ces murs, oui, mais à l'époque, ce n'était pas le Collège Charles-Darwin.

Le directeur baisse la voix, et dans un murmure presque imperceptible, il ajoute :

— Malheureusement pour moi.

Puis, il se tourne vers moi pour m'annoncer le plus sérieusement du monde :

— Si j'arrive à l'école avant toi, tu devras rembourser le drone, mais si tu arrives en premier, tu seras blanchie.

— HEIN ? Mais ce n'était même pas de ma faute...

— Ne pas avoir l'intention de faire une chose ne nous enlève pas toute responsabilité. Si tu n'avais pas séché le cours d'éducation physique, rien de tout ça ne serait arrivé. À mon avis, si tu crois que les entraînements de course ne sont pas pour toi, c'est que tu considères que tu es en trop bonne forme pour en avoir besoin. Donc, tu devrais me battre facilement.

— Ça n'a rien à voir. C'est juste que je n'aime pas courir.

— Tu aimeras peut-être courir si ça t'épargne des frais de deux mille dollars...

— DEUX MILLE???

— T'es prête?

Merde! Je ne m'attendais pas à ce qu'un drone coûte aussi cher! L'homme se place en position de départ. Ça ne peut être qu'une blague! Je le fixe, l'air hébété. Non, il est vraiment sérieux.

OK, je n'ai pas le choix, c'est ça, ou mes parents me tuent! Vu l'âge du directeur, j'ai de bonnes chances de remporter la course. Mais avant d'accepter, je m'assure d'avoir bien compris le marché:

— Si je gagne, mes parents n'auront rien à payer, c'est ça?

— Tes parents? Mais qui a parlé de tes parents? Ce sera à toi de rembourser, pas à eux.

— QUOI? Mais j'ai pas deux mille dollars!

— Alors, il faudra que tu travailles pour le collège afin de rembourser ta dette. Faire la vaisselle à la cafétéria, laver les toilettes, faire la lessive à la blanchisserie. On a besoin de main-d'œuvre partout!

Je suis si sidérée que je ne trouve rien à répondre. MOI, Coralie April, bouche bée ? Mais qu'est-ce qui me prend ?

Le directeur continue :

— Si tu gagnes, c'est que tu n'as pas besoin des cours de course, donc, c'est nous qui avons tort. J'ajouterai même que si tu gagnes, tu seras exemptée du cours de course. Mais si tu perds, tu es dans le tort, donc tu devras payer.

— SÉRIEUX ?

Je prends une grande respiration. Ma petite voix résonne en moi : *OK, Coralie, tu en es capable ! C'est pas un vieux croûton de directeur en habit-cravate qui courra plus vite que toi. Et en plus, si tu gagnes, tu n'auras plus jamais* à *courir de ta vie !!!*

Monsieur Sioui Roberge fait le décompte, et l'on s'élance.

Je n'ai pas parcouru dix mètres que mon directeur a déjà pris une avance irrattrapable sur moi. MEEEERDE !

C'est inutile de continuer, je vais perdre, c'est évident. Je ralentis le pas, essoufflée, pendant que monsieur Sioui Roberge va toucher les marches de l'école et revient me voir en courant.

Je suis en colère. Comment j'aurais pu deviner qu'il était un athlète, lui ? À bout de souffle, je halète :

— C'est... pas... juste, je...

Il me coupe la parole sans le moindre essoufflement.

— La facture te sera remise dans les prochains jours et devra être acquittée d'ici la fin de l'année. Ça te laisse huit mois pour me battre pour tenter d'annuler ta dette. D'ici là, si tu sèches un autre cours, je me questionnerai sur tes motivations à étudier ici. Peut-être préfères-tu retourner à ta vie d'avant, quand Harry passait ses journées seul à la maison ?

— Vous allez me renvoyer ?

— Te renvoyer ? NON ! Jamais ! Tu fais partie de la famille, Coralie. Nous n'allons jamais te renvoyer, je disais ça dans le sens que j'aurais du chagrin si toi, tu décidais de nous quitter.

— Je ne veux pas vous quitter.

— Bonne nouvelle, alors !

Décidément, rien de cette conversation ne me semble logique. Une élève qui doit travailler pour rembourser son école, un directeur qui fait la course et qui refuse de me renvoyer même si je suis infernale... Mais c'est quoi, cette école de dingues ?

L'homme fait demi-tour et marche vers le collège. Avant d'être trop loin, il se retourne pour me lancer :

— Dans la vie, on doit parfois choisir de faire ce qui est bon pour nous.

Ce qui est bon pour moi, c'est de ne PAS récurer des toilettes ici, j'en suis sûre ! Il va voir, le croûton, que je le battrai bien plus vite qu'il ne le pense !

chapitre 14

UNE FOIS N'EST PAS COSTUME

L'atelier de couture est un secret bien gardé.

Ça, c'est le moins qu'on puisse dire! Il ne faut pas s'étonner qu'il n'y ait pas un chat (à part Chava); j'ai mis des jours à le trouver. Il ne figure pas sur le plan du collège et n'apparaît pas non plus sur les panneaux d'information devant les escaliers. Après avoir parcouru tous les étages du bâtiment central et profité de chacun de mes rares moments libres pour explorer le collège à sa recherche, j'ai fini par demander de l'aide à une adulte. Vanessa était tellement contente que j'aie besoin d'elle, j'ai cru qu'elle allait me sauter dans les bras. Maintenant que mon intervenante sait que je m'intéresse à la couture, j'ai l'impression qu'elle ne va pas me lâcher avec ça. J'aurais dû continuer à chercher par moi-même. Me tourner vers elle était une erreur. Une grave erreur. Mais bon, le mal est fait, je ne peux pas revenir en arrière. Tout ce qu'il me reste à présent, c'est aller de l'avant avec mon nouveau projet.

Quand j'ai su que le déguisement d'Halloween n'était pas optionnel, mais OBLIGATOIRE (!), il m'est venu une idée. Tant qu'à devoir me déguiser, autant me fabriquer un costume qui me permettra d'améliorer mes techniques d'invisibilité.

J'ai donc imaginé une cape réversible. D'un côté, un design très voyant avec beaucoup de détails et de couleurs. De l'autre, un tissu uni d'une teinte assez sombre pour me fondre dans la masse lors de la danse qui se tiendra dans le gymnase. La cape sera munie d'un large capuchon qui me permettra de rester anonyme tout en épiant ce qui se passe autour. J'ai fait quelques croquis très approximatifs avant d'entamer le travail de couture avec les tissus et l'équipement mis à ma disposition.

Le directeur disait vrai : ce local est l'endroit rêvé pour avoir la paix. La pièce sent un peu le renfermé. Elle a tellement l'air figée dans le temps qu'on pourrait s'attendre à trouver un squelette recouvert de toiles d'araignées dans un coin. Mais je m'y plais bien. Je m'y réfugie chaque fois que ma chambre est envahie par Coralie et Harry. J'apporte avec moi un coussin et un bol de croquettes pour Chava, qui commence toujours par me regarder travailler, puis finit souvent par s'endormir à mes pieds, au diapason avec le ronron régulier de la machine à coudre. C'est presque aussi relaxant que la méditation et ça stimule autant ma créativité que la composition de nouvelles chansons.

J'ai choisi un tissu très doux et plutôt épais, qui pèse comme une caresse sur mes épaules. Le design du côté voyant est un *gato Catrina*, en hommage au pays où j'ai habité de l'âge de 3 à 9 ans. Au Mexique, la figure de la mort est représentée par une femme au visage de squelette et aux cheveux coiffés de fleurs : *La Catrina*. Pour les besoins de mon costume, j'ai décidé de personnaliser cette femme-squelette en lui donnant une apparence féline. Ma cape sera donc presque entièrement recouverte d'un chat tout en os et en fleurs avec quelques petits cœurs multicolores ici et là. J'ai trop hâte de voir le résultat !

Occupée à coudre la silhouette du chat, je ne remarque pas tout de suite la présence d'une fille derrière moi. En fait, c'est surtout le grincement des roues sur le plancher bien ciré qui m'incite à me retourner. Bien calée dans son fauteuil roulant, la fille au teint pâle mais aux traits métissés m'observe, sourire en coin, avec à ses côtés un chien d'assistance d'un blond presque blanc. C'est une élève de secondaire deux, je les croise souvent à la cafétéria et aux rassemblements, son labrador et elle. Je me fige, ne sachant pas trop comment réagir. Qu'est-ce qu'elle me veut? Pourquoi elle me regarde comme ça?

Je décide de me remettre au travail, me disant qu'elle finira bien par partir si je continue à l'ignorer. Mais non. Je vois du coin de l'œil qu'elle s'avance vers moi en roulant, puis freine à quelques centimètres de la table où est posée la machine avec laquelle j'apprends encore à me familiariser. Le visage à la hauteur de ma cape, la fille semble juger mon ouvrage. J'aurais envie de lui dire d'aller voir ailleurs si j'y suis, mais je suis trop intimidée pour parler. Sa présence me déconcentre. Tellement que j'appuie lourdement sur ma pédale en oubliant de suivre la courbe de ma pièce de tissu, et voilà que la couture passe tout droit. Mon erreur d'inattention m'arrache un cri de frustration qui alerte Chava, dont le sommeil avait déjà été perturbé par l'arrivée de la fouine à roulettes.

Cela n'empêche pas celle-ci de se moquer :

– Une erreur de débutante !

– Tu tu m-m'as déconcentrée.

– Attends, je vais t'aider à arranger ça.

Elle me fait signe de lui céder ma place derrière la machine. Au point où j'en suis, il vaut mieux la laisser réparer ma gaffe au lieu de l'empirer moi-même. Force est de reconnaître que je suis rouillée. Les notions de couture et de broderie enseignées par ma grand-mère sont trop loin dans ma mémoire.

Le pire qu'il puisse arriver, c'est que tout soit à recommencer.

Halloween est dans deux semaines. J'ai l'intention de continuer à venir me réfugier ici, même quand mon costume sera fini, il serait donc à mon avantage de socialiser un peu pour m'assurer que l'emplacement de l'atelier reste ce qu'il est : un secret bien gardé.

– Moi, c'est Carma. Et toi ?

– Azalée.

– Enchantée, Azalée !

Enchantée ? Ouais, bon. Faudrait pas exagérer non plus.

chapitre 15

LA MEILLEURE FAÇON DE COURIR, C'EST SÛREMENT LA SIENNE... C'EST DE METTRE UN PIED DEVANT L'AUTRE ET DE RECOMMENCER.

Un des aspects que j'adore de mon école, c'est qu'il n'y a pas de devoirs ! Que de l'étude. Heureusement, étudier n'est pas une chose que j'ai besoin de faire très longtemps. Parce que passer plusieurs minutes assise devant mes cahiers n'est pas ma force. En fait, c'est carrément impossible pour moi : je deviens folle. Comme si tout le sang que j'ai dans mon corps se mettait en état d'ébullition.

Ah ! Non, c'est vrai ! Nous avons des devoirs, mais ce sont des exercices à faire avec nos animaux de compagnie. Pour ma part, madame Barkov m'a donné comme défi d'être plus calme et plus ferme. Je dois dire mes commandements une seule fois et imposer le respect avec sérénité. S'il y a bien une qualité que je ne possède pas du tout, c'est la sérénité... Pour ce qui est de m'imposer, ça, ça va !

Il est 16 h 30, je suis dans la salle de *gaming* (je trouve ça trop bébé de dire « salle de jeux »), je joue à ma Switch pendant que Gabi et Cass se livrent une féroce partie de ping-pong. L'accent gaspésien de Cassendre résonne dans toute la pièce. J'ai l'habitude qu'on me dise que je parle fort, mais ce n'est rien comparé à mon amie. En plus de gueuler comme une folle, elle frappe si fort la balle que Gabi n'arrête pas de crier de peur. La pire partie de ping-pong que j'ai vue de ma vie !

En regardant dehors, j'aperçois monsieur Sioui Roberge qui passe en courant sur le trottoir entourant le collège. Il lève la main et me salue en souriant ! Je grince des dents... Je me rappelle que P-A m'a dit que mes corvées de remboursement commencent demain et seront effectives tous les mercredis midi et les jeudis après l'école. Beurk ! J'ai vraiment pas envie de laver les toilettes et la vaisselle !

Je soupire et je me lève en annonçant à mes amis :

— Je retourne dans ma chambre, on se voit au dîner.

La vérité, c'est que je m'en vais enfiler mes baskets. Entre nettoyer les toilettes et courir, je préfère encore courir. Si je veux battre le directeur, je dois m'y mettre maintenant. Je ronchonne : je ne peux pas croire que je vais utiliser mon heure de temps libre pour courir. Au moins, Harry sera content !

chapitre 16

MIROIR, MIROIR, DIS-MOI, QUI EST LA POUBELLE?

Mon costume d'Halloween est enfin prêt! Je tourne sur moi-même pour faire virevolter ma cape tout en contemplant mon reflet dans le miroir de l'atelier.

C'est rare que je dise ça, mais je suis plutôt fière de moi. Il faut avouer qu'Azalée m'a un peu aidée. Tant qu'à l'avoir toujours dans les pattes au local de couture, j'en ai profité pour lui voler quelques trucs. Façon de parler; je ne lui ai rien piqué, sinon des astuces pour devenir une meilleure couturière. Azalée a appris à se servir d'une machine à coudre pour pouvoir adapter ses vêtements à sa condition physique. L'uniforme du collège n'est clairement pas fait pour les gens en fauteuil roulant, alors elle le modifie pour qu'il soit plus facile à enfiler et taillé selon sa morphologie, disons... particulière. Ses jambes sont minuscules, comme si elles ne s'étaient pas développées au même rythme que le reste de son corps. Ça peut paraître bizarre et pourtant, elle ne parle pas de sa mobilité réduite comme d'un handicap, mais plutôt comme d'une motivation à voir le monde autrement. Si elle m'intimide toujours autant, ce n'est plus pour les mêmes raisons. Moi, à sa place, je passerais mon temps à m'apitoyer sur mon sort. Enfin, je pense... Je ne m'étais jamais vraiment posé la question.

J'aimerais trouver une façon de la remercier pour son aide, sauf que je ne voudrais pas qu'elle s'imagine qu'on est des amies. Je tolère sa présence et l'apprécie, même, mais pas de là à vouloir m'en faire une confidente. Je préfère garder mes distances. Chava aussi s'entend plutôt bien avec Gustave, son chien d'assistance. D'après ce que j'ai compris, il ne serait pas censé fraterniser avec un autre animal, car son rôle est d'être 100% dévoué à sa maîtresse pour lui prêter main-forte (patte-forte?) en tout temps, mais Azalée refuse d'être aussi exigeante envers lui. Il a bien droit à quelques moments de répit !

Je viens de quitter l'atelier. Je n'ai pas vu le temps filer, c'est presque l'heure du couvre-feu. Les surveillants s'assurent de faire le tour des aires communes pour avertir les élèves qu'il est temps de rentrer dans leur chambre, mais ils ne pensent jamais à faire un détour par le local de couture. Il faut donc que je demeure vigilante pour ne pas rater le couvre-feu. La connaissant, Coralie se ferait un plaisir de me dénoncer si je ne rentrais pas à temps. Je crois qu'elle est encore énervée par le fait que la surveillance s'est resserrée autour d'elle depuis qu'elle a invité Gabi dans notre chambre. Ce n'est toutefois pas à moi qu'elle devrait en vouloir, mais à elle-même.

Plus que trois minutes avant le couvre-feu. J'accélère le pas, en mode « marche rapide », dans le couloir de l'aile Est. Je suis presque arrivée. Je dépasse l'écriteau annonçant l'entrée du pavillon C.

Il est huit heures pile quand je referme la porte de la chambre derrière Chava et moi. Je dépose sa cage de transport sur mon lit et la libère. Je remarque la présence de sable sur mon édredon. Beurk ! On dirait de la litière. Ce n'est pas le genre de *mi gatita* d'en mettre partout. Je ne comprends pas trop ce que ces résidus font là, mais je n'ai pas le temps d'y réfléchir. On frappe à la porte.

– Va ouvrir, m'ordonne Coralie. Ça doit être pour toi.

Pour moi ? Je ne sais vraiment pas qui pourrait venir me rendre visite à cette heure-ci, à part...

– Patricia ?

La surveillante se tient sur le pas de la porte, me dominant du haut de son mètre quatre-vingt.

– Carma, ma belle, je suis juste venue m'assurer que tu étais bien rentrée.

Elle dit ça l'air de rien, mais je ne suis pas dupe. Je me tourne vers ma coloc, étendue sur son lit, les yeux plongés dans un livre sur les conserves. Coralie veut vraiment nous faire croire qu'elle est occupée à lire ? Un manuel de cuisine de grand-mère en plus ? Je n'y crois pas une seconde. J'ai plutôt l'impression qu'elle a quelque chose à voir avec la visite surprise de la géante.

JE. LA. DÉTESTE.

Coralie. Pas la surveillante. Quoique... Je me force à sourire à l'intention de Patricia.

– Je suis là, comme tu peux le voir.

– Ben oui, je vois ça ! Ha ! Ha ! Ha !

Je me retiens de lever les yeux au ciel, ne voulant pas m'attirer d'ennuis en étant impolie. Patricia rit trop fort, ça me tape presque autant sur les nerfs que sa manie d'appeler tout le monde « mon beau » ou « ma belle », mais ce n'est pas la peine de le montrer.

– Bon, ben, b-b-bonne nuit ?

– Bonne nuit, ma belle !

Je referme la porte en laissant échapper un soupir. Tandis que je discutais avec la surveillante, Chava s'est couchée sur ma cape d'invisibilité. Je m'empresse de la ranger dans la garde-robe avant qu'elle ne soit entièrement recouverte de poils.

– C'est quoi, ça ? demande Coralie avec mépris.

– Quoi ?

Elle pointe ma cape du doigt, un sourcil relevé. J'accroche mon costume à un cintre sans répondre à sa question. Non mais, de quoi je me mêle ?

– T'as pas l'intention de mettre ça à Halloween, j'espère?

– ...

– Parce que c'est vraiment laid.

Je sens ma mâchoire se crisper. J'aurais envie de lui sauter à la gorge et de la mordre à sang. Voilà qu'elle ose critiquer le costume que j'ai mis des jours à confectionner! Je devrais l'ignorer, mais c'est plus fort que moi, il faut que je la remette à sa place.

– Hé, va chier! Est-ce que j'ai demandé ton avis?

– Non, mais je dis ça pour ton bien. Que tu m'écoutes ou pas, je m'en fous! On va tellement se moquer de toi si tu mets ça à la soirée...

Je vais la mordre. Je vais la défigurer! Pour calmer mes envies de meurtre, je prends une grande inspiration et sors de la chambre avec la cape toujours accrochée au cintre. Je la balance sur un coup de tête dans la poubelle face à notre porte et cours me réfugier dans les toilettes des filles.

Les toilettes sont le seul endroit où l'on peut circuler après le couvre-feu. À l'abri dans ma cabine, je laisse les larmes de rage rouler sur mes joues. En deux minutes à peine, Coralie a réussi à gâcher des heures et des heures de travail acharné.

J'en ai rien à foutre, de ma cape d'invisibilité. De toute façon, j'ai toujours détesté me déguiser.

chapitre 17

UN ENFANT QUI LIT EST UN ENFANT QUI S'ENNUIE !

Ce midi, je suis dépêchée pour être à la bibli parce que monsieur Labrèche m'a demandé d'échanger mon livre emprunté au début de l'année. Selon lui, *Faire ses conserves à la maison* n'est pas une lecture assez stimulante. Qu'est-ce qu'il en sait? OK, j'avoue, je m'en fous des conserves, je me fous de lire tout court!

En entrant dans la grande pièce éclairée par le soleil du midi, j'aperçois une vision de rêve et, non, je ne parle pas des milliers de livres sur les tablettes, mais bien du beau garçon de secondaire trois. Enfin, je le croise! J'en étais arrivée à me demander s'il n'avait pas changé d'école!

J'ai déjà un plan. Je passerai à côté de lui, et dès que Harry reniflera son bouvier bernois, j'interviendrai. Mais je n'ai pas fait deux pas dans sa direction que madame Suzette me bloque la route.

— Coralie! Comme je suis heureuse de te voir! J'ai reçu un nouveau livre aujourd'hui qui, je crois, pourrait te plaire.

Sourire forcé. Si elle pouvait me laisser poursuivre mon chemin, ce serait très apprécié. La femme à la jupe à pois rose fuchsia remarque que mon attention est ailleurs. Elle se retourne pour voir ce qu'il y a de si intéressant derrière elle. Et s'exclame:

— Ah, bien sûr! Amour! Séduction! Et passion!

Puis elle me libère le passage. Euh... Ça, c'est trop gênant, franchement! Ce n'est pas supposé être le silence dans une bibliothèque? Je mets mon plan à exécution et tout se déroule comme prévu.

— Non, Harry, au pied!

— C'est bon, tu peux les laisser faire connaissance. Albert aime tous les chiens.

Je souris.

— OK.

Nos chiens se reniflent le derrière. Un de nous deux doit dire quelque chose, c'est trop embarrassant ! Le garçon me devance :

— Il est plus calme que le jour de la rentrée.

Je rigole.

— Ouais ! J'avoue que le premier soir, il était assez dissipé.

— Comment tu t'appelles ?

— Coralie. Et toi ?

— Kaleb.

Kaleb, je t'avertis, tu n'auras pas à faire grand-chose pour que je tombe amoureuse de toi ! Le beau brun me demande :

— Et ? Comment tu trouves cet endroit ?

— Dingue !

Kaleb éclate de rire.

— Pourquoi ça ?

Je hausse les épaules.

— Je ne sais pas.

Madame Suzette interrompt notre conversation.

— Vous deux ! Venez avec moi.

Kaleb me fait de gros yeux ronds comiques. Je lui chuchote :

— Elle est zarbi, la biblio !

La femme se tourne vers nous et demande :

— Pardon ?

Kaleb répond :

— Coralie s'intéresse aux choses zarbies, madame Suzette.

— Aux choses zarbies ? répète la bibliothécaire, confuse.

Kaleb précise :

— Les affaires étranges...

La dame se remet à marcher en répétant : « Les affaires étranges ? » Puis elle s'exclame :

— Bien sûr !

Elle désigne une table entourée de quatre chaises.

— Asseyez-vous là, je reviens.

Dès qu'elle est assez loin, je confie au garçon de mes rêves :

— Sérieux, elle n'est pas normale !

Kaleb hausse les épaules.

— Toi, pourquoi t'es ici si t'es normale ? Ce ne sont pas les gens normaux qui viennent dans cette école.

— J'ai un TDAH, un trouble d'opposition. Je suis aussi dyslexique et dysorthographique. Si c'est ce que tu veux dire. Et toi ?

— Trouble anxieux, dépendance et tentative de suicide à 13 ans. Mais surtout, je peux plier mes doigts à l'envers, regarde !

J'avale ma salive de travers. Kaleb sourit de ses superbes dents en me montrant la contorsion de ses doigts. Je rigole :

—BEURK ! J'avoue que ce n'est pas normal, plier ses doigts comme ça !

— CCD est la meilleure chose qui ait pu m'arriver dans la vie.

— Tant que ça ?

Je ne suis pas prête à en dire autant. Charles-Darwin, c'est une école, et l'école, ça ne peut pas être la meilleure chose qui m'arrive dans la vie, sinon, ce serait trop déprimant.

Madame Suzette réapparaît.

— Bon ! Ça y est ! Je crois que j'y suis ! Pour toi, Coralie, *Mystère à l'école.* Un collectif d'auteurs québécois, des histoires courtes pour une fille comme toi qui aime quand on va droit à l'essentiel, et du mystère plein les pages.

La femme tourne les talons et se ravise :

— J'oubliais ! La première histoire est à lire maintenant, avec Kaleb ici présent !

La bibliothécaire fait virevolter sa jupe et repart en se parlant à elle-même : « Comment se fait-il que je n'y aie pas pensé avant ? »

J'écarquille les yeux. Elle est sérieuse ? Kaleb, lui, ne semble pas troublé par la situation. Il empoigne le livre et feuillette les premières pages. Devient-on tous aussi dociles avec le temps dans cette école ? Si oui, c'est inquiétant !

Le beau basané pousse le livre vers moi et m'annonce :

— Désolé, je n'ai pas le temps, j'ai un entraînement de basket.

Il se lève et me laisse seule avec Harry. Je regarde partir l'amour de ma vie, le cœur en miettes. Pas si docile que ça, finalement. Madame Suzette, qui est témoin de la scène, a l'air tout aussi déçue que moi. Ne sachant plus quoi faire, j'ouvre le livre et je lis les premières pages.

Je tourne la page 24 quand la cloche sonne le début des cours de l'après-midi. En quittant la bibliothèque, j'entends madame Suzette qui s'adresse à moi :

— Coralie ! Je voulais te dire que j'ai beaucoup apprécié ton calme, ce midi. Merci !

Je souris. Elle ajoute :

— Alors, le livre ?

— Il est pas mal.

Elle répète « pas mal », l'air déconfit, et s'éloigne toujours en marmonnant. Elle est schizo, c'est sûr !

Quand j'entre dans la classe, Gabi se lance sur moi.

— Coco ! T'étais où ? Je t'ai cherchée partout, j'ai failli appeler la police !

— À la bibli.

Mon ami me dévisage. Je lui explique que c'était sous les ordres du prof de français, bien sûr ! Je n'irais quand même pas perdre mon temps dans cet endroit ennuyeux ! Quoique... Avec Kaleb dedans...

Gabi me tend la clé que j'ai dérobée à Carma et m'informe :

— Elle n'ouvre rien du côté du pensionnat des garçons. Je propose qu'on essaye la cafétéria ou la conciergerie !

— Bonne idée ! On fera la cafétéria pendant le dîner !

— Hé ! Tu as pensé à ton costume d'Halloween ? Il paraît que chaque année, tous les élèves se donnent à fond, c'est une sorte de tradition. Moi, je sais déjà ce que ça sera !

— Non, je n'ai rien trouvé encore...

Madame Boisvert entre dans la classe. Elle est couverte d'une substance verte et visqueuse qui attire immédiatement notre attention. L'enseignante se plante devant la fenêtre en s'exclamant :

— Tout le monde à sa place, vous m'empêchez de faire la photosynthèse !

Tous les élèves éclatent de rire et s'exécutent. Pour moi, ça confirme juste que cette école est vraiment trop zarbi ! Je vais quand même m'asseoir, parce que c'est tout de même intrigant, ce teint de Hulk !

chapitre 18

LA NUIT, TOUS LES CHATS SONT GRIS

La soirée d'Halloween a déjà commencé et je n'ai toujours pas trouvé quoi porter. Je suis encore dans ma chambre, à me demander si je devrais me maquiller en *La Muerte* comme je l'avais prévu. Ça prend une éternité à faire. Puis, de toute façon, mon déguisement aurait vraiment l'air incomplet sans ma belle cape.

Quand je pense qu'elle a fini à la poubelle, j'ai envie de me taper la tête contre le mur. J'ai bien essayé de la récupérer le lendemain matin, mais elle avait disparu. La poubelle avait été vidée. Ça m'apprendra à agir sans réfléchir. Ce n'est pas mon genre d'être aussi impulsive, il me semble ? À croire que Coralie commence à déteindre sur moi.

Beurk. Beurk. Beurk ! Tout, mais pas ça !

En parlant de ma coloc, elle a quitté la chambre depuis un sacré bout de temps. Comme elle n'était pas déguisée, j'en déduis qu'elle voulait se préparer avec ses amis. C'est chien pour Harry : elle l'a laissé ici et il devra y rester toute la soirée parce que les animaux ne sont pas admis à la soirée. Une centaine de bêtes entassées au gymnase avec leurs maîtres occupés à danser, ce serait trop compliqué à gérer, selon la direction. Je suis un peu d'accord sur ce point, n'empêche que ça me fait de la peine d'abandonner Chava ici avec le chien. Par chance, il somnole dans sa cage. La soirée ne risque donc pas de finir en bain de sang.

Quoique... c'est Halloween. *El Día de los Muertos* approche. Tout est possible.

Quatre. C'est le nombre d'élèves en costume de chat que j'ai croisés à la fête jusqu'à présent. Ça m'amuserait si je n'avais pas moi-même choisi de me déguiser ainsi. Et si seulement les autres déguisements n'étaient pas mille fois plus élaborés que le mien.

Je n'avais pas le temps de me casser la tête ni aucune envie de me démarquer par mon originalité. Ça fait même plutôt mon affaire de passer inaperçue avec un costume plus convenu. Mais il y a une petite voix dans mon esprit qui me dit que j'aurais pu faire mieux. Que j'aurais pu me fondre dans la masse avec classe tout en portant ma cape.

– Carma ! Tu ressembles à ton animal de compagnie, fait remarquer madame Boisvert. Comme c'est mignon !

Grrrrr. Mignon, c'est le mot qu'on emploie pour parler d'un enfant de deux ans ou d'un chaton. Mais elle n'a pas tort, c'est vrai que j'ai voulu rendre hommage à ma douce Chava en enfilant ma combi-pantalon grise et mes oreilles de chat. Je dois même admettre que mon maquillage est particulièrement réussi. Ça m'étonne (et me déçoit) que la prof de sciences m'ait reconnue. On ne peut pas en dire autant d'elle lorsqu'elle est arrivée en classe ce matin... Mme Boisvert est déguisée en Charles Darwin, mais comme personne ne sait vraiment à quoi il ressemblait, elle a passé la journée à l'expliquer pour que les gens ne pensent pas qu'elle s'est déguisée en n'importe quel vieux barbu.

Je crie un timide « merci » par-dessus la musique (ringarde), ce à quoi elle répond par un hochement de sa tête faussement dégarnie, puis passe son chemin pour aller rejoindre le petit cercle d'enseignants qui discutent non loin.

Tous les profs étaient costumés en classe, aujourd'hui. Les autres membres du personnel aussi. Quelques élèves portaient déjà leur déguisement, mais la plupart ont préféré garder la surprise pour ce soir. D'autres avaient prévu un deuxième look pour l'occasion. Tout le monde s'est donné à fond. Tout le monde sauf moi.

Azalée va trop me juger de m'être débarrassée de la création pour laquelle elle m'a tant aidée. Elle ne va rien comprendre ! En parlant d'Azalée, je la vois justement foncer droit sur moi avec des points d'interrogation sur le front. Littéralement. Elle est déguisée en personnage de bande dessinée, sa tête est coiffée d'un phylactère avec des signes de ponctuation.

?!?!

Elle n'a même pas besoin de parler. La bulle au dessus de son visage le fait pour elle. Ses yeux aussi. Je baisse le regard, comme une enfant prise en faute. Mains sur les hanches, elle crie :

– Il va falloir que tu m'expliques ce que la fille là-bas fait avec ton costume !

– Hein ?

Azalée pointe un doigt en direction de la piste de danse où un groupe d'élèves complètement déchaînés improvise une chorégraphie vraiment nulle. Coralie, avec sa petite bande d'amis. Ce n'est même pas ma coloc que je remarque en premier, c'est son costume. Ou devrais-je dire : MON COSTUME.

Je n'en crois pas mes yeux !

What. The. Fuck ?!?!

La vache ! Elle m'a volé ma cape ! Je la savais capable de bien des coups bas, mais je ne l'avais pas vu venir, celui-là. J'ai d'abord envie de bondir comme une tigresse pour lui arracher ma cape de sur le dos, mais la timidité prend le dessus. De quoi j'aurais l'air, de perdre mon sang froid devant tout le monde ? Ça ne me tente pas du tout de me donner en spectacle. Contre toute attente, je m'entends mentir à Azalée.

– Oh, c'est ma coloc… Je lui ai prêté ma cape parce qu'elle n'avait rien à porter, je trouvais qu'elle faisait pitié.

Azalée n'a pas trop l'air d'y croire, mais elle n'insiste pas. Elle m'entraîne plutôt vers les tables alignées contre le mur au fond du gymnase, où je découvre des marmites remplies de chips, d'immenses béchers pleins de bonbons, des cages sur lesquelles sont perchés de gros corbeaux, des pyramides de *cupcakes* à l'effigie de petites bêtes, des figurines de rats et des insectes en plastique qui ont l'air beaucoup trop réalistes, des bocaux de formol où flottent des (fausses ?) pattes de poulet et des bébés cochons. Beurk ! On se croirait dans un laboratoire glauque dans lequel on mène des expériences sur les animaux. J'en ai des frissons dans le dos. Je dois reconnaître que l'effet est réussi. Rien n'a été laissé au hasard. L'ambiance est vraiment top.

Je vois Azalée se servir dans un grand bol de liquide vert duquel s'échappe une fumée blanchâtre. Elle me tend un verre.

– T'en veux ?

– C'est quoi ?

– Punch aux fruits. Il est sensationnel !

Bah, pourquoi pas ?

Une heure (et quelques verres) plus tard, j'ai la nausée et la tête qui tourne. Peut-être parce qu'Azalée n'arrête pas de me suivre partout et de m'étourdir avec ses histoires. Cette fille a TOUJOURS une anecdote à raconter. Chaque situation lui rappelle quelque chose qu'elle a déjà vécu.

– La dernière fois que j'ai entendu cette chanson-là, c'est dans les loges au Centre Bell [1]. Ma tante, qui vit à Montréal, travaille là et elle me donne toujours des passes V.I.P. J'ai rencontré plein de chanteurs et de groupes vraiment connus grâce à elle !

– Ah ouais ? Comme qui ?

Elle ignore ma question et propose qu'on aille faire une demande spéciale à la DJ. J'approuve totalement. Surtout qu'il me vient une idée pour me venger de Coralie et de son vol de costume. Si elle pense que je vais la laisser s'en tirer à si bon compte, elle n'a encore rien vu !

---

1. Le Centre Bell est un complexe sportif de Montréal où l'on organise également de nombreux concerts et spectacles.

Azalée roule à toute vitesse, zigzaguant entre les danseurs à l'aide de son fauteuil. J'ai du mal à la suivre tellement elle va vite, mais je finis par la rattraper derrière la table où une femme aux cheveux rasés et au nez percé nous reçoit en retirant ses écouteurs. Je prends les devants en la priant de mettre *Copycat*, de Billie Eilish. Mon ton est suppliant, la DJ acquiesce. Au moment où la chanson commence, je m'empare du micro pour annoncer :

– Je... euh... je dédie cette chanson à ma coloc, Co-Coralie April, qui a tellement pas de style qu'elle est obligée de voler celui des autres.

Je viens vraiment de dire ça ? MOI ?! OH MON DIEU ! Je sens mon cœur battre contre mes tempes, tandis que ma tête continue à tourner. Sur la piste de danse, tout le monde me regarde. En temps normal, je voudrais rentrer dans le sol et disparaître, mais ce soir, je me fous des regards. Je commence à fredonner les paroles dans le micro, puis je me mets à chanter de plus en plus fort en fixant Coralie qui me dévisage, ébahie. Quand vient le refrain, je la pointe du doigt pour que tout le monde sache qu'elle m'a copiée. La *copycat*, c'est elle !

La pièce tangue, tout bouge, j'ai l'impression d'être sur un bateau, mais je continue à chanter jusqu'à ce que je rote bruyamment et que la DJ m'arrache le micro des mains en me souriant, l'air embarrassée. C'est quoi le problème ?

Azalée me prend par le bras pour qu'on s'éloigne, mais j'arrive à me dégager et je bondis sur Coralie alors qu'elle me tourne le dos. Je l'attrape par la capuche de sa cape (MA cape) et la tire vers moi. Je m'apprête à lui cracher au visage tout ce que j'ai sur le cœur.

Sauf que, finalement, ce ne sont pas des mots qui sortent…

chapitre 19

LA GUERRE, LA GUERRE, C'EST PAS UNE RAISON POUR SE VOMIR DESSUS !

Je nomme officiellement cette journée la plus belle de l'année à CCD, pour toutes ces raisons :

1. C'est Halloween, ma fête préférée.

2. Gabi et moi avons découvert que la clé volée par Carma ouvre les cuisines de la cafétéria ! Nous en avons profité pour y faire un petit saut avant la soirée, Gabi, Cass et moi. Mon ami était trop drôle, il avait super peur de se faire prendre et s'est mis à paniquer une fois dans

le grand frigo (j'avais d'ailleurs jamais vu un réfrigérateur comme ça, aussi grand qu'un dressing !). Cass y est restée un peu plus longtemps que nous pour goûter à toute la nourriture préparée pour la fête d'Halloween. Elle nous a aussi avoué avoir ajouté un ingrédient secret au punch, mais elle n'a pas voulu nous dire quoi. À mon avis, elle a craché dedans... Il faudra me torturer pour que j'en boive !

3. Jusqu'à la dernière minute, je ne me suis pas déniché de costume original. Au début, je trouvais la cape de Carma vraiment ridicule, mais en l'observant de plus près après l'avoir récupérée dans la poubelle, je me suis dit qu'avec un maquillage de squelette, ça pourrait être pas trop mal. De toute façon, au point où j'étais je n'avais plus le choix. Heureusement, dès mon arrivée à la soirée, tout à l'heure, tout le monde m'a complimentée. Même Kaleb !

4. Et finalement, cette journée est plus que parfaite, car je suis actuellement en train d'observer Carma s'humilier devant toute l'école. Sérieusement, elle fait presque pitié à voir, mais pas question que j'éprouve quoi que ce soit qui puisse ressembler à ce sentiment pour elle. Chaque jour, ma coloc se prend pour une autre en regardant tout le monde de haut.

Pour une fois que c'est elle qui touche le fond ! T'as beau avoir dit mon nom au micro pour me rabaisser, ma pauvre fille, c'est toi qui as l'air folle ! Tu bafouilles la moitié des mots et tu chantes faux, zéro sur la note. Gros flop, ta prestation !

Lassée de regarder Carma se ridiculiser, et parce que je ne veux surtout pas qu'elle pense que je me soucie de ce qu'elle dit de moi, je décide avec Gabi de nous filmer en train de faire des danses stupides. Avec les éclairages et nos costumes, ça rend la chose encore plus comique, surtout que mon ami est déguisé en *drag queen* ! En visionnant ce que Gabi vient de capter, je m'exclame :

— Faut publier ça !

Nous sommes d'accord, une *story* s'impose ! Dommage que nous ne puissions la publier que demain, quand nous aurons du wifi…

Bon ! Enfin, Carma termine sa piètre performance. Il était temps, madame « je veux de l'attention ». Je ne manque pas de la dévisager en passant devant elle, car oui, bien que sa tentative pour me faire honte soit complètement ratée, j'ai l'intention de lui montrer que s'en prendre à moi, c'est creuser sa propre tombe. D'un regard foudroyant, je lui signifie que nous sommes en guerre (nous l'étions déjà, mais là, c'est encore pire). Pendant mon passage, sans que je la voie venir, elle attrape ma cape par-derrière pour m'étouffer. Ça ne va pas, la tête, espèce de chatte enragée ?!

Oh ! Mais attends, qu'est-ce que je viens de recevoir dans le dos ? BEURK ! Du vomi !

Sérieux, mais quelle conne !!! Insultée et dégoûtée, je m'empresse de quitter le gymnase pour aller me laver. Je ne peux pas croire qu'elle ait fait ça ! Qu'est-ce qui lui prend, elle est saoule ou quoi ?

Oh mon Dieu ! Mais oui, c'est sûr que c'est ça, ça me semble évident maintenant. Elle va avoir tellement d'ennuis !

En traversant la porte du gymnase, je croise un garçon déguisé en Dark Vador qui me dit :

— Hé, Kaleb te cherche, il veut danser avec toi au prochain *slow*.

Il ne manquait plus que ça ! Sérieux, Carma, non seulement tu viens de me vomir dessus, mais en plus, tu me fais rater l'occasion de ma vie et tu gâches la plus belle journée de l'année ! T'es une maudite plaie ! J'espère que tu vas t'étouffer et mourir dans ton vomi !

Novembre

IDÉES DE GÉNIE POUR FAIRE CHIER CARMA :

- Couper une mèche de ses longs cheveux noirs pendant qu'elle dort.

- Brosser la cuvette des toilettes avec sa brosse à dents.

- Remplacer son shampooing par du savon pour le corps.

- Mettre de la litière pour chat dans son lit. (Ajouter des crottes aussi ? ?)

- Raser le dessus de la tête de son chat.

- M'essuyer les fesses avec son gant de toilette.

- Péter sur son oreiller.

chapitre 20

LA FEMME QUI MURMURAIT À L'OREILLE DES CHATS

J'ai bien failli rester couchée ce matin, mais Patricia m'a tirée du lit pour nous forcer, Chava et moi, à assister à notre rencontre d'évaluation avec Mireille, l'éducatrice féline. C'est de la torture pure et dure. Depuis qu'on a pris place sur le tapis de sol dans son local, je lutte contre un violent haut-le-cœur qui va et vient comme une vague sans fin. Je ne sais pas trop ce qui m'arrive. Intoxication alimentaire? Virus? Je suis malade comme un chien depuis la soirée d'hier, et je ne comprends pas pourquoi.

Je ne suis pas la seule, apparemment. Un message à l'interphone interrompt le début de notre rencontre :

– Chers élèves, il semblerait que certains d'entre vous aient été intoxiqués à la fête d'Halloween, annonce le directeur avec gravité. D'après ce qu'on nous a rapporté, quelqu'un aurait versé de l'alcool dans le punch. L'auteur de cette mauvaise plaisanterie devra faire face aux conséquences de ses actes, vous avez ma parole ! En attendant qu'on trouve le ou la coupable, j'invite tous ceux et celles qui ne se sentent pas bien à se rendre à l'infirmerie.

On m'a saoulée à mon insu ! J'aurais dû m'en douter. Je n'avais encore jamais bu d'alcool, à part une mini gorgée de tequila durant les célébrations du *Cinco de Mayo* lors de notre dernier voyage à Mexico (mais ça ne compte pas vraiment). Je comprends mieux ma folie d'hier !

Même si mes souvenirs de la soirée sont flous, j'ai l'impression d'avoir fait une grosse connerie. Je me rappelle avoir chanté (et roté) au micro, attaqué Coralie et tenté de lui arracher ma cape de son dos. Il me semble même avoir vomi… C'est amplement suffisant pour déclarer cette soirée la plus humiliante de ma vie !

Je pourrais saisir la perche tendue par monsieur Sioui Roberge pour sécher ma rencontre avec Mireille et me rendre à l'infirmerie, mais la perspective de croiser les gens qui m'ont vue perdre la tête (et la face) hier me paraît infiniment plus pénible que de passer une période en compagnie de l'éducatrice féline.

C'est la première fois qu'on se retrouve seules, Mireille, Chava et moi. Au début de l'année, je trouvais qu'elle avait l'air sévère, avec ses cheveux blancs et ses lunettes à large monture rouge, mais elle est plutôt cool. Et toujours de bon conseil. Elle est sans doute la plus vieille éducatrice de l'école, mais elle refuse qu'on l'appelle par son nom de famille. Le dernier qui l'a appelée madame Robidoux a dû filer doux pendant des mois pour qu'elle lui pardonne. Dans son local, comme dans la plupart des classes du collège, un petit appareil diffuse des phéromones apaisantes en tout temps, si bien que les chats y sont généralement très calmes. Mireille nous a expliqué l'effet bénéfique de ces hormones sur le comportement félin. C'est aussi elle qui nous a vanté tous les bienfaits de la zoothérapie. Nos enseignants en parlent souvent, sauf qu'on dirait que c'est plus clair quand c'est l'éducatrice féline qui aborde le sujet.

Mais pour l'instant, ce n'est pas Chava ni l'effet positif qu'elle a sur moi qui retient son attention.

– À voir ta tête, je devine que tu fais partie de ceux qui ont la gueule de bois.

Mon léger hochement de tête me fait souffrir le martyre.

– Passe-moi ta gourde d'eau, m'ordonne-t-elle.

Mireille retire le bouchon pour y verser quelques gouttes d'un petit flacon.

– Qu'est-ce que c'est ? je demande, intriguée.

– Huile essentielle de pamplemousse. Tu peux aussi te masser la nuque avec ce mélange, poursuit-elle en me tendant un rouleau à bille que j'accepte, bien que je doute de son efficacité. Lavande, menthe poivrée et romarin. Ça fait des miracles pour les migraines et les nausées.

Tandis que je soulève mes cheveux pour passer le rouleau très (trop) parfumé sur ma peau, l'éducatrice féline consulte ses notes.

– Dans ton dossier, ça dit que tu partages ta chambre avec un chien. Chava et lui s'entendent bien ?

Je pouffe de rire. Aïe! Ma tête.

– Comme chien et chat, je suppose? avance-t-elle, sourire en coin.

J'acquiesce.

– Tu sais, ce n'est pas pour rien que cette expression existe, précise Mireille. Le chien est un animal de meute et le chat, un chasseur solitaire. Mais il ne faut pas non plus voir leur conflit de personnalités comme une fatalité! Les deux peuvent très bien cohabiter.

Pfff! Permettez-moi d'en douter. Devant mon scepticisme, Mireille enchaîne:

– Il suffit d'établir dès le départ des règles claires et de laisser à chacun son espace. Les gamelles de nourriture et d'eau de Chava sont en hauteur?

– Non.

– J'étais certaine de t'avoir donné ce truc-là en début d'année... C'est ma faute! Il n'est jamais trop tard pour bien faire. Tu les changeras de place en rentrant dans ta chambre. C'est important qu'elle puisse manger et boire en paix.

J'en prends note. Mireille propose qu'on commence l'évaluation, car le temps file. Elle m'offre une sorte de canne à pêche au bout de laquelle pend une poignée de plumes multicolores pour que je joue avec Chava tout en répondant à ses questions. Je suis tellement concentrée à faire bondir *mi gatita* que je me livre à l'éducatrice de façon spontanée, sans trop chercher à analyser où elle veut en venir avec son interrogatoire.

À la fin de la période, alors que je m'apprête à la quitter, Mireille me retient.

– Capricorne ?

– Pardon ?

– Ton signe astrologique.

– Oui. Pourquoi ?

– Comme ça...

Elle m'observe d'un air énigmatique.

– Mon rouleau à bille.

– Hein ? Oh oui, désolée.

Je lui redonne son petit flacon et prends soudain conscience que mon mal de tête a cessé.

– Carma ?

– Oui ?

– Ne laisse jamais personne te traiter de folle aux chats. Aimer les félins, adopter certains de leurs comportements, ce n'est pas un défaut. Si tu arrives à bien maîtriser cette facette de ta personnalité, ton indépendance et ta force de caractère pourront te servir à réaliser de grandes choses. Mais pour apprendre à murmurer à l'oreille des chats, il faut aussi savoir écouter le chien.

Je quitte le local, un peu confuse. Même Chava est dans un drôle d'état, sans doute fatiguée d'avoir autant joué. Le reste de la journée s'écoule comme un rêve éveillé. Je me laisse porter d'un cours à l'autre sans trop prêter attention aux regards et aux chuchotements sur mon passage. Les recommandations de l'éducatrice tournent en boucle dans ma tête.

De retour dans ma chambre, j'applique le conseil de Mireille. Ou devrais-je dire *les conseils* ? Si les chiens et les chats peuvent cohabiter en harmonie, peut-être que leurs maîtresses le peuvent aussi ? Au retour de Coralie, je pourrais essayer de faire les premiers pas pour proposer un genre de trêve ? Puisqu'on est forcées de partager une chambre, autant apprendre à se supporter ; rien ne sert d'être ennemies.

Je change brutalement d'avis quand je découvre qu'une vidéo de moi intitulée *Crazy Cat Lady* a commencé à circuler sur internet. À en juger par le nombre de vues, on pourrait presque la qualifier de virale. Elle ne dure que soixante secondes, mais c'est assez pour que cette réputation me suive durant toute ma scolarité ! On m'y voit déguisée en chat, le maquillage à moitié effacé, en train de massacrer la chanson de Billie Eilish. Comme je pointe presque la caméra du doigt, on devine que la personne qui m'a filmée se tenait tout près de Coralie. Je serais prête à jurer que c'est un de ses amis. La preuve : on entend ma coloc dire : « Faut publier ça ! »

Au diable les bonnes intentions ! Cette chienne va découvrir que même si je chasse en solitaire, je n'en suis pas moins redoutable. Au contraire !

chapitre 21

MÊME QUAND LE CHAT EST LÀ, LES SOURIS FONT DES CONNERIES

— Arrête, Gabi, moi aussi j'en veux !

J'arrache le sac de pépites de chocolat des mains de mon ami et le tire vers moi. Depuis que nous avons la clé de la cuisine de la cafétéria, nous y venons de temps en temps avant le couvre-feu pour grignoter une petite collation. La bouche pleine, Gabi mâchonne :

— C'est quand même chien, la vidéo de ta coloc qui circule.

— C'est sûr... D'un autre côté, elle l'a cherché.

Mon ami avale sa bouchée, et continue avec une meilleure élocution :

— Ben, oui et non, elle ne savait pas qu'il y avait de l'alcool dans le punch.

Je marmonne :

— J'avoue...

— À mon ancienne école, je me faisais pas mal harceler et je ne le souhaite pas à mon pire ennemi.

Je suis surprise d'apprendre ça. J'envoie une poignée de pépites dans ma bouche en m'étonnant :

— Ah ouais ? Pourquoi ?

— Bof, pour tout. Mais mon look surtout.

— Qu'est-ce qu'il a, ton look ?

Notre uniforme empêche toute forme d'expression et je réalise que je n'ai jamais vu mon ami en vêtements de ville.

— Bof... Laisse tomber. Je dis juste que je trouve ça nul pour Carma. Personne ne mérite ça.

Je ne sais pas si je suis d'accord avec Gabriel. Carma est tellement chiante. Mais d'un autre côté, mon père m'a souvent répété: «Coco, ne fait pas aux autres ce que tu ne voudrais pas qu'on te fasse.» Je n'aimerais pas qu'une vidéo virale de moi dans laquelle je me ridiculise enflamme le web.

Gabi continue:

— Parfois, je trouve que Cass va trop loin. Vanessa m'a dit de bien choisir mes amis et l'on dirait que j'ai un doute pour elle. Pas toi?

Je hausse les épaules. Cassendre est probablement la plus rebelle des secondaire un, et depuis la soirée, elle a un éducateur juste pour elle, et on lui a assigné des tâches, comme moi. Quand elle nous a dit qu'elle mettrait un ingrédient secret dans le punch, j'étais loin de me douter que c'était de l'alcool. Je me demande comment elle a fait pour faire entrer ça ici! Chaque dimanche, les surveillants fouillent nos sacs à dos.

Ce n'est qu'après la soirée que j'ai compris ce qu'elle avait fait avec le punch. J'ai trouvé ça drôle, mais Kaleb m'a dit qu'un de ses amis a été gravement malade à cause du mélange de l'alcool avec ses médicaments. Mais ça, Cass ne pouvait pas le savoir. Ce n'est pas moi qui l'ai dénoncée ; d'ailleurs personne ne sait comment le directeur a su que c'était elle, la coupable.

Comme Gabi, je trouve que mon amie va parfois trop loin, mais je ne suis pas prête à dire qu'elle n'est pas une bonne amie. Elle est juste encore moins docile que nous. Je l'admire un peu pour ça.

— J'espère que ce n'est pas toi qui l'as dénoncée pour faire plaisir à Vanessa !

— Mais non ! Franchement ! Je ne suis pas un rapporteur.

Je regarde l'heure, il est temps de regagner nos pensionnats si l'on ne veut pas se faire prendre. Je cache le sac de pépites dans ma veste pour le ramener dans ma chambre, car c'est trop bon.

Quand on entre dans la cuisine, il faut toujours redoubler de prudence pour ne pas se faire voir. Une fois à l'intérieur, nous sommes à l'abri, personne n'y met les pieds le soir. Par contre, quand on ressort, il faut encore faire attention pour ne pas être vus. Si l'on se fait prendre, j'ai déjà prévu de dire que la porte était ouverte, mais je préférerais ne pas avoir à mentir.

Surtout que tout le monde ici semble avoir un don pour repérer les mensonges.

Avant de nous séparer dans le milieu du couloir, Gabi me demande :

— Tu vas faire quoi, pour Carma ?

— De quoi, je vais faire quoi ? Est-ce que je suis censée faire quelque chose ?

Mon ami pince ses lèvres et avoue :

— Bah, déjà, arrêter de lui faire des coups dans le dos, ça serait pas mal. Non ?

Je hausse les épaules. Qu'est-ce qui lui prend tout d'un coup ? Il était le premier à rire des idées sur ma liste, au début.

— Je vais voir... Bonne nuit !

Je tourne les talons et je regagne ma chambre en sautillant et en chantonnant. En mettant ma main sur la poignée de la porte, j'entends un gémissement qui provient de l'intérieur. Je tends l'oreille. Est-ce que c'est Carma qui pleure ? Ça y est, je me sens mal. Gabi a peut-être raison, dans le fond. C'est peut-être allé trop loin, tout ça.

Je tourne doucement la poignée, résolue à ne pas embêter ma coloc, et peut-être même à lui dire quelque chose d'encourageant. Mais en ouvrant, je constate que Carma n'est pas là et j'aperçois son stupide chat en lamentation en train d'uriner sur mon lit !

AH BEN, QUEL GROS DÉGOÛTANT !

Je cours pour le pousser de là, mais la bête enragée me griffe violemment en hurlant. Aussitôt, Carma apparaît dans le cadre de porte, en robe de chambre, serviette sur la tête. Elle gueule :

— LÂCHE MON CHAT !

J'attrape l'animal psychopathe par la peau du cou et je le lui lance à la tête. Je ne peux pas croire que j'ai un instant pensé avoir de la pitié pour ma coloc. Elle va très bien, ça se voit !

Pendant que Carma ne regarde pas, occupée à réconforter sa bête dégueulasse, je fourre le sac de pépites de chocolat dans le fond de mon armoire, avant de sortir en vitesse de la pièce pour aller me plaindre à Patricia.

Cette dernière vient dans notre chambre pour constater l'ampleur des dégâts. Mais plutôt que de gronder Carma, elle s'informe sur le chat.

— Est-ce que c'est la première fois que Chava fait ça ?

— Oui, c'est v-v-vraiment inhabitu-tu-el.

Bon sang que Carma me tape sur les nerfs quand elle bégaye comme ça ! J'ai toujours envie de hurler : « BORDEL, DIS-LE, CE QUE T'AS À DIRE, MERDE ! » J'interviens :

— Ça serait cool qu'on change mon lit avant de s'occuper du chat.

— Enlève tes draps, je vais t'en apporter des propres, me répond Patricia.

À cet instant, Cass entre dans notre chambre en se moquant :

— Alors, Coco, t'as pissé dans ton lit ?

— Mais non ! Rien à voir ! C'est le chat.

Patricia m'interrompt.

— Cassendre, est-ce que je peux savoir ce que tu fais ici ?

— La porte était ouverte.

— Le couvre-feu est passé, tu dois être dans ta chambre.

— Je voulais juste venir aider...

La surveillante renchérit :

— C'est bien gentil, mais on va se débrouiller.

Une autre voix résonne dans le cadre de porte :

— Qu'est-ce qui se passe ?

Je m'étire le cou pour réaliser que toutes les filles de l'étage sont là ! Je recherche un peu de compassion en criant :

— Le chat de Carma a pissé sur mon lit !

Ma coloc me dévisage. Je lui lance :

— Quoi ? C'est vrai !

Les filles rigolent, Patricia ordonne à tout le monde de regagner sa chambre, Cassendre le fait en chantant :

— Trois p'tits chats, trois p'tits chats, trois p'tits chats, chats, chats. Cette nuit, sur le lit, on fait pipi, pipi, pipi !

Patricia prend le talkie-walkie à sa ceinture et appelle :

— Demande de soutien, pensionnat filles un. Je répète : demande de soutien, pensionnat filles un.

Je soupire. Franchement, elle exagère ! Depuis que je suis ici, j'ai entendu quelques-uns de leurs codes. « Soutien », comme elle vient de dire, c'est quand les adultes sentent que la situation leur échappera peut-être. Ce qui, actuellement, n'est pas le cas, Cass ne fait que chanter ! Ils peuvent aussi annoncer :

- demande de « renfort » (quand ils doivent intervenir physiquement) ;

- demande de « renfort plus » (quand il y a plusieurs élèves impliqués) ;

- demande de « remplacement » (quand un éducateur ou une éducatrice doit sortir un élève d'une classe).

J'enlève le drap contour de mon lit quand un hurlement retentit dans le couloir. Patricia s'empresse de quitter la chambre et je la suis pour savoir ce qui se passe. Cass est en train de fouiller dans la chambre de Deena, qui lui crie de sortir en la poussant. Au même moment, la surveillante de l'étage des secondaire cinq arrive en ordonnant :

— Tout le monde dans sa chambre porte fermée immédiatement.

Patricia ajoute :

— Toutes les filles coopératives seront récompensées.

Je m'empresse de fermer notre porte. Je sais que ce genre de récompense est vraiment cool ! On peut obtenir le droit d'aller à un autre étage pour une soirée ou encore de se faire une séance cinéma dans une chambre avec plusieurs personnes. Les surveillantes disent que la confiance se gagne par de petits gestes. Si fermer ma porte est un petit geste qui compte, alors pas de problème, je peux faire ça !

En me retournant, j'aperçois mon matelas déshabillé. Merde ! À cause de Cass, je vais devoir attendre pour avoir de nouveau un vrai lit. Comment ça se fait que Patricia a deviné qu'elle allait foutre la merde ? Parfois, j'ai l'impression que tout le personnel est un peu sorcier, ici... Comme à Poudlard ! Mais les deux pires sont la bibliothécaire et la dresseuse de chats, elles me font presque peur. Surtout la dresseuse de chats... Il n'y a que les psychopathes qui peuvent aimer autant les chats.

En parlant de psychopathe, ma coloc est sur son lit en train d'essuyer la vulve de Chava avec un mouchoir. BEURK ! Elle est folle ! Elle me montre le mouchoir :

— Regarde, elle a du sang dans son urine, c'est pas normal.

— BEURK ! Je m'en fous ! Fais-la euthanasier, au pire !

Le visage de Carma se contorsionne. Je soupire... Les paroles de Gabi me reviennent en tête : « À mon ancienne école, je me faisais pas mal harceler et je ne souhaite pas ça à mon pire ennemi. » Je sens le besoin de me rattraper avec quelque chose de moins méchant :

— Tu iras voir le vétérinaire... C'est sûrement une infection urinaire, Harry a déjà eu ça.

Sans lui donner le temps de répondre, je fourre mes écouteurs dans mes oreilles et je mets la musique à fond.

chapitre 22

LA LOI DE LA JUNGLE

Coralie avait raison; Chava a une infection urinaire. Ça me soulage un peu, mais pas tant que ça. J'ai tellement eu peur pour *mi gatita* ! Le vétérinaire a bien vu que j'étais sur les nerfs. Il s'est fait rassurant en m'expliquant que c'est un trouble plutôt fréquent, surtout quand le chat est soumis à beaucoup de stress et qu'il ne boit pas assez.

Depuis que j'ai placé son bol d'eau en hauteur, j'ai l'impression que Chava s'hydrate davantage, mais pour ce qui est du stress, disons que la situation avec Harry et Coralie ne s'est pas vraiment améliorée. Chava peut bien être anxieuse, on partage notre chambre avec un ogre et une folle furieuse!

Heureusement, Coralie passe de moins en moins de temps dans notre chambre depuis l'incident. Elle rentre tout juste avant le couvre-feu et en ressort dès son réveil. En classe et à la cafétéria, on s'ignore. Elle n'est pas la seule que j'évite, d'ailleurs. Depuis la fête d'Halloween, j'essaye de me tenir loin d'Azalée. D'abord, parce que j'ai honte de la façon dont je me suis comportée, ensuite, parce qu'elle m'énerve un peu avec sa manie d'avoir toujours quelque chose à raconter, et finalement, parce que je me suis rendu compte que tout ce qu'elle dit est inventé, en partie ou en totalité. Elle ne s'appelle même pas Azalée! Son vrai prénom, c'est Laurie. Je l'ai découvert en entendant une autre élève de secondaire deux l'interpeller dans le couloir. Je ne comprends pas pourquoi elle m'a caché comment elle s'appelle, mais si Laurie (alias Azalée) est capable de mentir à ce sujet, elle ne doit pas souvent dire la vérité.

Je n'ai pas encore trouvé le moyen de me venger de Coralie pour la vidéo virale, mais j'y travaille. Pour l'instant, j'ai plus important à faire. On est dimanche, et j'ai une fois de plus passé tout le week-end à composer de nouvelles chansons et à répéter mes anciennes. Bientôt, j'aurai assez de matériel pour enregistrer un album. Papa dit qu'il va me prêter son studio durant les fêtes de fin d'année. Ça me motive à mettre les bouchées doubles pour peaufiner les paroles et les arrangements. Je repense à ce que Mireille m'a dit lors de mon évaluation :

« Aimer les félins, adopter certains de leurs comportements, ce n'est pas un défaut. Si tu arrives à bien maîtriser cette facette de ta personnalité, ton indépendance et ta force de caractère pourront te servir à réaliser de grandes choses. »

J'ai commencé à me filmer afin de pouvoir me réécouter et m'améliorer. Mais comme je déteste me regarder, j'ai eu l'idée de tourner mes vidéos sur TikTok avec le filtre de chat. Évidemment, je ne les publie pas. Je me contente de les enregistrer dans mes brouillons pour comparer les différentes versions de mes chansons.

J'entends la clé tourner dans la serrure. Coralie ouvre la porte de la chambre, lance ses bagages dans l'entrée et repart aussitôt. C'est bientôt l'heure du rassemblement. J'imagine qu'elle s'y rendra directement.

Je décide de laisser Chava ici pour lui permettre de se reposer loin de l'agitation. Les dimanches soir, dans la grande salle, il y a souvent beaucoup d'action.

D'ailleurs, ça semble même pire que jamais, aujourd'hui. En traversant le grand hall pour aller rejoindre les escaliers, je remarque un groupe d'élèves formant un cercle autour de deux garçons de secondaire trois. À en juger par les cris et la frénésie ambiante, je devine qu'ils sont en train de se battre. Je vois le chien d'un des combattants, un berger allemand, montrer les crocs en grognant, prêt à se porter à la défense de son maître. La tension monte, les deux garçons en viennent aux poings. Le berger allemand bondit soudain sur l'adversaire de son maître, le mordant à pleines dents. La victime gémit en se tortillant de douleur. Le garçon est au sol, vulnérable. Personne ne lui vient en aide. Certains élèves hurlent, d'autres filment la scène. Les animaux s'agitent. C'est la panique générale.

Enfin, l'éducateur des secondaire trois arrive en courant en lançant un code de « renfort plus » dans son talkie-walkie et en ordonnant à tout le monde de s'éloigner.

– Tous ceux qui coopèrent seront récompensés et les autres en subiront les conséquences, ajoute-t-il.

Quelques secondes s'écoulent avant que P-A arrive lui aussi en courant pour s'interposer entre le chien et le garçon à terre. Je m'éloigne tout en observant à distance : ils parviennent, non sans peine, à mettre une muselière à la bête.

Je suis sous le choc. Complètement tétanisée par la violence de la scène à laquelle je viens d'assister.

Ça ne m'empêche toutefois pas de penser que si quelqu'un partage ces images, ma petite vidéo virale devrait vite tomber dans l'oubli. Je m'en veux de raisonner ainsi, mais c'est comme ça. La loi de la jungle.

chapitre 23

UN PANIER À LA FOIS

J'avais prévu d'aller courir, et voilà qu'il neige ! Beurk ! Je n'ai pas envie, mais j'ai encore moins envie de laver des toilettes toute l'année. Depuis les quelques semaines que je cours, j'ai déjà amélioré mon temps de plusieurs secondes. À ce rythme-là, je crois que je serai en mesure de proposer une revanche à monsieur Sioui Roberge avant Noël et de me libérer de ma dette.

J'enfile mes baskets et la maudite muselière à Harry. Depuis la bagarre lors de laquelle le chien d'un secondaire trois a mordu un autre élève, le port de la muselière pour les chiens de plus de neuf kilos est obligatoire dans les lieux publics de l'école (c'est-à-dire partout !). Franchement ! Ils ont juste à jeter cette bête furieuse dehors et foutre la paix aux autres animaux qui ne causent pas de problèmes. Pourquoi tous les chiens doivent être punis à cause d'un seul d'entre eux ? C'est tellement injuste !

Je sors à l'extérieur, la neige s'est transformée en pluie verglaçante. C'est la pire température du monde pour courir. *Allez,* GO, *Coco ! Faut que tu le fasses !*

Je cours quelques minutes, mais j'ai déjà les mains gelées et les pieds trempés. C'est vraiment de la merde ! Je m'arrête pour évaluer la situation et décider si je rentre ou non, quand j'entends un cognement. Je me tourne, c'est le directeur qui me salue par la fenêtre. ARGH !!!! Je me remets au pas de course. Je fais le circuit habituel, le même que nous suivons avec le prof de gym. Je suis sur le point de terminer la première boucle quand je vois arriver le directeur en sens inverse.

Sérieux, il ne va pas venir me narguer jusqu'ici ?!

— Hé ! Coralie !

— Salut, monsieur.

— Je te trouve hyper courageuse de courir comme ça sous la pluie ! Est-ce que tu sais que tu peux aussi t'entraîner au gymnase ?

Calvaire ! Je n'y avais même pas pensé, je suis trop conne ! Ça fait quoi, deux semaines que je me fais chier dans le froid ? Je réponds :

— Euh... oui, je le sav...

L'homme fronce les sourcils. Je me reprends :

— OK, non, je ne le savais pas. Je me trouve stupide ! Je...

— Hé, Coralie, c'est pas stupide, au contraire ! C'est évident que tu es une battante, regarde-toi ! Les gens stupides, ce ne sont pas ceux qui font aucune erreur, ce sont ceux qui refusent de les reconnaître et d'apprendre d'elles.

Je hoche la tête. Ce n'est vraiment pas la première fois que le directeur dit ça, il l'a mentionné dans au moins deux grands rassemblements. Je le remercie et j'entre dans l'école, direction le gymnase.

Une fois dans le vestiaire, j'ouvre mon casier et je change mes vêtements. En ressortant, je regarde les cages à chien dans un coin du couloir. Est-ce que j'y installe Harry ou je l'emmène ? Soudain, je remarque un autre chien dans la cage du fond... Albert ! Ça veut dire que Kaleb est dans le gymnase ! Trop cool !

Je couche Harry et je m'empresse de pousser les portes du gymnase. Vision de rêve au ralenti (comme dans les films) : Kaleb en train de faire des tirs au panier. Il porte un t-shirt, ses cheveux noirs brillent, il lance le ballon, qui entre directement dans le panier, j'applaudis (fin du ralenti).

— Bravo !

Il rigole en courant derrière son ballon (retour du ralenti). Ses bouclettes rebondissent sur sa tête comme le ballon sur le sol (fin du ralenti).

— Hé, c'est la première fois que je te vois ici, Coralie !

— Ouais... Le sport, ce n'est pas mon fort !

— Tu fais quoi pour passer le temps, alors ? Et ne me dis pas que tu lis, je sais que ce n'est pas vrai !

J'éclate de rire.

— Non, je déconne avec mes amis, je joue à ma Switch et je cours... Mais ça, c'est parce que je n'ai pas le choix !

Kaleb pouffe de rire.

— T'as une dette à rembourser au directeur ?

— Ouais...

— C'est vraiment une perle ce type !

Je répète, surprise :

— Une perle ? C'est le directeur !

— Ouais, et ?

— Un directeur... c'est un directeur... Ça ne peut pas être une « perle ».

Le garçon de mes rêves se contente de sourire en soupirant et recommence à lancer des ballons dans son panier. Je devrais courir, mais le faire devant Kaleb me gêne. Alors je reste plantée là comme un poteau.

— Qu'est-ce que tu fais, Coralie ?

— Euh... Je venais courir, mais je ne veux pas te déranger.

— Tu ne me déranges pas.

Allez, GO, Coco ! T'as l'air stupide si tu ne fais rien.

Je commence ma course à petits pas timides. En repassant devant Kaleb pendant mon premier tour de gymnase, je vois qu'il me sourit et ça me donne un regain d'énergie. Je fais une dizaine de tours avant de m'arrêter, essoufflée. Mon ami me lance le ballon en me complimentant :

— T'es douée !

J'aurais voulu attraper le ballon, mais il m'a prise au dépourvu. Et me voilà qui cours pour aller le récupérer en criant :

— Merci !

— On se fait des paniers ?

— Je n'ai jamais joué au basket !

Ballon en main, je reviens vers Kaleb, qui me répond, surpris :

— Hein ? Même pas en primaire ?

— Bof, j'étais plus souvent au bureau de l'éducatrice qu'au cours de gym.

— Classique... Pas grave ! Essaye, au moins !

Je lance le ballon, qui entre directement dans le panier. Kaleb s'écrie :

— WOUAH ! Tu me fais marcher ? T'as déjà joué, c'est sûr !

Je rigole.

— Non, je te jure que non !

Perplexe, il accepte de me donner des trucs et de m'apprendre les règles. Nous nous amusons un bon moment à faire des paniers tout en discutant. Nous nous arrêtons juste à temps pour le dîner.

Kaleb me propose :

— Tu devrais revenir courir plus souvent... Moi, je suis presque toujours ici pendant mes temps libres !

Ah ! Voilà pourquoi je ne le croise jamais dans l'école. Je souris.

— OK !

Avant de quitter le gymnase, je me botte les fesses et je lance :

— Excuse-moi pour la danse, j'ai dû m'en aller rapidement.

Kaleb grimace d'incompréhension.

— La danse ?

— Ben oui, ton ami est venu me voir pour me dire que tu voulais danser...

Il éclate de rire et demande, amusé :

— Quel ami ?

— Je ne sais pas, il était déguisé en Dark Vador.

— Ah ! C'était Pek... Le con !

Je ricane pour masquer ma déception et mon malaise :

— Ha ! Ha ! Je le savais, qu'il me faisait marcher. Je voulais t'avertir, mais j'ai dû partir. J'espère qu'il n'a pas été voir d'autres filles sans que tu le saches !

— Je ne voulais pas... Je suis désolé si t'as pensé que...

Je le coupe :

— Mais non ! Je n'ai rien pensé du tout, je ne suis pas naïve.

Nous sortons ensemble du gymnase pour aller libérer nos chiens de leur cage et je remets la muselière à Harry. J'en profite pour changer de sujet :

— Hé, tu ne trouves pas ça débile de devoir mettre ça à nos chiens ? Franchement, tout ça à cause d'un berger allemand stupide !

Kaleb me répond d'un ton sérieux :

— Boris n'est pas stupide, il ne faisait que défendre son maître !

— Tu le connais ?

— Voyons, Coralie, on n'est même pas deux cents dans l'école, tout le monde connaît tout le monde, dit-il en me regardant de haut.

Je roule les yeux.

— Ben moi, je ne connais pas tout le monde.

— J'avoue qu'en secondaire un, j'étais pareil, moi aussi.

— Mais je connais tous ceux de mon année !

— Tu vois ! rigole-t-il.

Je ricane et je retrouve mon sérieux pour demander :

— Mais c'est quoi l'histoire du chien, finalement ?

Nous marchons en direction de la cafétéria et Kaleb m'explique ce qui s'est passé. Pek était enragé parce qu'il venait de péter son téléphone en le laissant tomber par terre. Un autre garçon, Juan, a voulu le calmer, mais tout ça a mal tourné. Pek a frappé l'autre, qui ne s'est pas laissé faire, et le chien de Pek a attaqué Juan pour défendre son maître. En gros, le chien n'y est pour rien et maintenant, tous les chiens sont obligés de porter une muselière à cause des deux garçons...

Juste avant qu'on se sépare pour aller rejoindre nos amis respectifs, Kaleb conclut :

— Dans le fond, le problème, c'est souvent nous, les maîtres !

Je fronce les sourcils. Il me salue sans me donner l'occasion de répliquer que je ne suis pas d'accord. Je n'ai pas de problème, moi...

chapitre 24

L'ERREUR EST HUMAINE, LES CONSÉQUENCES SONT BÊTES

J'ai fait une gaffe. Une gaffe monumentale. C'est trop con, je n'en reviens pas. Il faut que je trouve une façon de réparer mon erreur. Mais pour y arriver, j'ai besoin d'avoir accès à internet. Et puisque le wifi vient tout juste d'être coupé parce qu'il est 20 heures, je n'aurai pas de réseau avant demain soir.

J'ai le temps de mourir de honte mille fois, d'ici là! Comme si je n'avais pas déjà été assez humiliée durant le dernier mois, avec la soirée d'Halloween et la vidéo qui a circulé... Et maintenant, ÇA ! Vivement les vacances de Noël, que je puisse partir à des milliers de kilomètres d'ici.

Dans l'immédiat, mon seul espoir de conserver un minimum de dignité est de réussir à convaincre un adulte de me connecter à mon compte deux mini secondes, le temps de supprimer la publication.

Je pars à la recherche de Patricia. Si je trouve les mots justes, elle devrait se laisser attendrir. Le problème, c'est que la communication n'est pas ma force. Je suis plus douée pour... quoi donc ? Avoir l'air conne. Ouais. Pour ça, je suis vraiment douée ! Comment j'ai pu me tromper de bouton ? C'est tellement stupide !

Je fais le tour de l'étage, Patricia n'est nulle part en vue. Pourquoi elle n'est jamais là quand on a besoin d'elle ?

Je finis par la trouver aux toilettes des filles en train de consoler Deena. J'hésite sur le pas de la porte. La pauvre, elle a l'air dans tous ses états. Quelque chose me dit que son problème est bien plus grave que le mien. Mais qu'est-ce que j'en sais, au fond ? Je ne connais rien de Deena.

C'est juste moi, ou l'ambiance est lourde au collège, ces temps-ci? Bagarres, disputes, un chien qui s'en prend à un humain, *mi gatita* qui est mal en point, de nouvelles mesures pour assurer notre sécurité, des règlements qui ne font pas l'unanimité... Tout le monde a hâte d'être aux vacances de Noël, je pense.

Mais je n'ai, justement, pas le temps de penser. Je creuse un peu plus ma tombe à chaque minute que je perds.

– P-P-Patricia?

– Oui?

– Je... je peux te parler d-d-deux secondes?

– Ça ne peut pas attendre?

– Non.

La surveillante consulte Deena du regard pour s'assurer qu'elle peut la laisser seule un instant. Celle-ci hoche la tête en essuyant ses larmes, gênée de se montrer vulnérable devant une étrangère (*AKA* moi). Je me sens soudain un peu mal d'interrompre l'intervention de Patricia pour ça, mais il est trop tard. La voilà qui se lève et m'entraîne à l'extérieur des toilettes.

– Dis-moi ? Qu'est-ce que je peux faire pour toi, ma belle ?

Je n'ai même pas pris le temps de réfléchir à ce que j'allais dire…

– Je… euh… j'aurais besoin de me connecter à internet.

Elle consulte sa montre.

– Il est trop tard pour ça. Tu devras attendre demain.

– Ça ne peut pas attendre. C'est super important !

– Explique-moi, je vais voir ce que je peux faire pour t'aider.

Pas question que je lui dise la vérité, elle ne comprendrait pas la gravité de la situation.

– J'ai reçu un message de ma mère. Je pense que mon grand-père est malade, je n'ai pas eu le temps de tout lire…

Je me sens vraiment mal d'inventer une histoire pareille, mais c'est le premier mensonge qui m'est passé par la tête. Je ne vaux pas mieux que Laurie-Azalée-l'hypocrite et ses faux souvenirs…

– Je finis avec Deena, puis on ira appeler tes parents, propose Patricia.

– Ah… euh… non, laisse tomber. Ça ne doit pas être si grave que ça.

Je m’enfuis sans lui donner l’occasion d’insister.

De retour à la chambre, je m’affale sur mon lit, le cœur battant. Ma tentative a lamentablement échoué. Ce soir, même le ronronnement de Chava ne parviendra pas à me calmer. Je dois me faire à l’idée qu’une vidéo de moi qui chante avec un filtre de chat sera en ligne durant 24 heures. Cette fois-ci, la seule personne à blâmer, c’est moi. Tout ça parce que j’ai appuyé sur « publier » au lieu de « brouillons ».

Ne reste plus qu’à espérer que mon nom d’utilisateur, Karmaleon, et le filtre de chat me permettront de garder l’anonymat…

chapitre 25

LA VIE EN ROSE... BLEU, JAUNE, ROUGE, VERT...

Je lance, j'éclabousse et je projette la peinture sur la toile devant moi. Je suis si concentrée que je n'entends même pas madame Veilleux, la prof d'arts plastiques, approcher avec ses talons hauts qui *toctoquent* sur le plancher.

— C'est du bonheur ou de la colère ?

Je m'arrête et je la regarde de travers.

— Il y a une sacrée différence entre le bonheur et la colère, madame !

La petite femme aux épaules carrées et à la longue chevelure blonde pose sa main décorée de faux ongles mauve fluo devant sa bouche et me répond avec son habituel air de Miss Parfaite :

— Non, pas tellement ! C'est tout aussi passionnel !

Elle mime ses émotions comme si elle les peignait, en s'exclamant :

— La colère ! ... Le bonheur ! ... Tu vois, c'est presque pareil.

Je comprends ce qu'elle veut dire, même si je trouve qu'elle exagère. Je réponds finalement à sa question :

— C'est le mélange des deux, je pense.

La prof passe la main dans ses cheveux.

— C'est ce que je pensais ! Nous allons t'aider à canaliser tout ça, et quand ce sera fait, tu créeras des merveilles, Coralie April !

Je fronce les sourcils. Je ne sais pas ce que ça veut dire, «canaliser». Sûrement une autre forme de sorcellerie!

Je reviens à ma toile pendant que madame Veilleux va s'attarder au travail de Gabi. Enfin, elle me laisse tranquille! Un gémissement attire mon attention. Je me retourne pour constater que Gabi pleure! Mais pourquoi? J'essaye d'entendre ce que la prof dit, mais elle chuchote. Je jette un œil sur la toile de mon ami. OH MON DIEU! Il a peint un pénis tranché en deux qui gicle du sang! Je n'ai pas besoin d'entendre ses mots pour comprendre que la prof doit être en train de le réprimander. Pourquoi il a fait ça, l'imbécile? C'était sûr qu'il allait se faire disputer.

Ce moment d'inattention de notre prof me permet de regarder ce que les autres élèves de ma classe ont peint. Cassendre a fait un gros poisson qui pleure... Étrange! Elle n'aime pas le poisson, ou quoi? Lyam, lui, n'a tracé que des points, plein de points qui dessinent une espèce de serpentin sur sa toile... Bizarre, ça aussi! Carma... Ah! Tiens donc, comme je ne suis pas étonnée: elle n'a rien fait encore... Ah! Non, elle peint avec du blanc. Blanc sur blanc, quelle idée stupide!

Je me reconcentre sur ma toile, je prends une grosse poignée de peinture verte que je lance devant moi. Madame Veilleux, qui est revenue vers moi à mon insu (encore), me souffle à l'oreille :

— Vert, la couleur de l'espoir !

Je tourne la tête.

— Où est passé Gabi ?

— Il avait besoin de calme, Vanessa est sortie avec lui.

Tout comme lui, la toile de mon ami a disparu. Ici, même quand on essaye d'attirer l'attention, ça ne fonctionne pas. À mon ancienne école, je pouvais déstabiliser mon prof avec une simple bulle de chewing-gum. Ici, tout le personnel est zen comme un concombre, c'est nul. Je trouvais ça drôle, de donner une crise de nerfs aux profs de primaire !

Je reviens à ma toile. Je pourrais l'offrir à mes parents pour Noël ! À moins que je demande à Gabi de me vendre la sienne ! J'éclate de rire, j'empoigne maintenant du rouge et - paf ! - je l'explose sur la toile. Je répète le même geste avec le jaune, le mauve et le bleu. Madame Veilleux ne pourra plus y voir aucune signification.

Dans ma tête, une phrase tourne en boucle. Elle me revient depuis si longtemps que je ne me souviens même plus quand ça a commencé à tourner. À la maternelle, peut-être, quand tout le monde supposait que j'avais un problème de comportement, puis, plus tard, d'apprentissage, et ensuite, d'attitude...

Cette maudite phrase : « Je n'ai aucun problème. »

Je lance du noir. Au-cun pro-blè-me !

Je projette la peinture avec encore plus de vigueur. Je n'ai aucun problème, bon !

Quand je finis par m'arrêter, à bout de souffle, ma toile n'est plus qu'un dégueulis de peinture qui coule. Je ne donnerai peut-être pas cette « œuvre » à mes parents, finalement...

Décembre

IDÉES DE GÉNIE POUR FAIRE CHIER CARMA :

- Couper une mèche de ses longs cheveux noirs pendant qu'elle dort.

- Brosser la cuvette des toilettes avec sa brosse à dents.

- Remplacer son shampooing par du savon pour le corps.

- Mettre de la litière dans son lit. (Ajouter des crottes aussi??)

- Raser le dessus de la tête de son chat.

- M'essuyer les fesses avec son gant de toilette.

- Péter sur son oreiller.

- La laisser un peu tranquille.

chapitre 26

BLACK LIST

Je prends le petit-déjeuner en regardant la neige tomber par l'immense fenêtre de la cafétéria. Même si je vis au Québec depuis quelques années déjà, je ne m'habitue toujours pas aux paysages nordiques. Autant je trouve ça beau, autant ça me rend mélancolique. Comme si le ciel s'abattait sur moi. Je devrais pourtant me sentir légère : mon nombre d'abonnés a grimpé en flèche depuis que j'ai publié ma vidéo par erreur. Je reçois plein de messages d'encouragement et le nombre de *likes* fait bondir mon cœur chaque fois que je me connecte.

Je suis flattée, c'est vrai, mais ça m'angoisse un peu. OK, beaucoup. À dire vrai, ça me crée énormément d'anxiété. Je me répète sans cesse qu'il faudrait bien que je partage une nouvelle vidéo pour faire plaisir à mes *fans*. Puis, la seconde d'après, je me demande si je ne devrais pas plutôt effacer celle qui a engendré cette soudaine popularité. Quoi que je fasse, je crains de décevoir mes abonnés. Ce n'est pourtant pas mon genre de me soucier autant de ce que pensent les gens...

Mais je n'en reviens juste pas. Des *fans*. Moi ! Ça me fait tout drôle. Je crois même avoir identifié certains élèves du collège parmi mes *followers*. C'est trop bizarre, sauf que je mentirais si je prétendais que ça me déplaît.

Au moment où je me lève pour aller porter mon plateau, j'entends quelqu'un crier mon nom. J'ai le réflexe de me retourner, même si j'ai reconnu la voix et que je préférerais nettement l'ignorer.

Aza-Laurie, la menteuse effrontée, freine brusquement pour me bloquer la route avec son fauteuil roulant. Je voudrais la repousser, mais j'aurais l'air de quoi si je bousculais une handicapée ?

– Qu'est-ce que tu veux ?

– Te dire que… ben… Je suis désolée de t'avoir menti.

– M'en fous.

– Je n'ai pas voulu te faire croire n'importe quoi, c'est juste… plus fort que moi. La vie est tellement moins excitante quand on se contente de la vérité !

– Si tu le dis.

Je croise les bras en attendant qu'elle me laisse passer. Elle ne semble pas comprendre le message.

– Bon, ben, tu m'excuseras, mais je ne voudrais pas être en retard à mon cours d'anglais.

Elle donne un coup de roue pour me libérer le passage.

– Tu reviendras au local de couture. Je suis en train de me faire une robe pour le gala de Noël. Je pourrais t'aider à t'en faire une aussi, si tu veux !

– On verra.

Son chien me lèche la main. J'aurais envie de caresser sa tête blonde, mais je ne voudrais pas que sa maîtresse perçoive mon geste comme un signe d'amitié.

En classe, notre enseignant annonce que nous devrons travailler en équipes de deux pour notre prochain projet. Chacun devra présenter à l'autre un objet qui a une grande valeur à ses yeux. *Mister* Black insiste sur le fait que toute la conversation devra se faire en anglais. *Yeah, right!*

Je ne sais pas à qui je pourrais demander... Je n'ai pas d'amis dans cette classe. Ni à l'extérieur, d'ailleurs. Gabi me fait la surprise de venir s'asseoir à mes côtés. Je remarque que Coralie s'est mise en équipe avec Cassendre. Quant à Lyam, il est jumelé avec Anthony, le plus discret de leur insupportable bande d'extravertis.

– C'est OK pour toi si l'on travaille ensemble? demande Gabi, prenant déjà ses aises.

Je m'imagine mal dire non. Ce n'est pas comme si l'on se battait pour faire équipe avec moi... J'acquiesce timidement, en émettant tout de même des réserves.

– Ça ne v-va pas faire chier Co-Coralie qu'on se mette ensemble?

– Bah! Comme tu peux voir, j'ai personne d'autre avec qui me placer, de toute façon.

Bon point. Je pousse mes affaires pour libérer l'espace. Chava, elle, roule sur le côté comme pour inviter Prada à partager son coussin. Ce n'est pas dans ses habitudes de se montrer aussi sociable, mais il est vrai qu'à ce point-ci de l'année, *mi gatita* tolère beaucoup mieux la présence des autres chats; c'est d'ailleurs pour cette raison que je ne traîne plus son sac de transport en classe depuis des semaines. Elle semble même s'être faite à l'idée de partager son territoire avec Harry et ses semblables. Je jette un œil en direction de ma coloc, qui détourne aussitôt le regard. Une partie de moi se réjouit de lui piquer son ami, bien qu'il soit avec moi par dépit.

– T'as un épi dans les cheveux! note Gabi sur un ton enjoué.

Je lui lance un regard noir qui sous-entend « fous-moi la paix! ».

– C'est mignon!

– ...

– Sérieux!

Il se moque de moi ou quoi?

– Ouais, je n'arrivais pas à me peigner ce matin...

Je ne sais pas pourquoi je sens le besoin de me justifier. Il m'observe d'un air compatissant, à croire qu'il comprend mon problème capillaire.

– Elle est plus courte que les autres, on dirait. Comme si l'on t'avait coupé une mèche de cheveux.

J'ai l'impression qu'il ne dit pas tout, qu'il se retient d'ajouter quelque chose. C'est louche. Le prof passe à côté de nous en criant à l'intention de tout le groupe :

– *In English, PLEASE, monkeys!*

Gabi joue le jeu :

– *What is your object?*

– *Euh... that...* (je sors mon trousseau de clés de ma poche) *how do you say* "porte-clés" ?

– *I don't know. Carry-keys?*

Il rit.

– *Well... That carry-keys...*

– *Keychain*, me reprend *Mister* Black, en passant à nouveau près de nous.

Il veut faire équipe avec Gabi et moi, ou quoi? J'espère que non. Le prof se rend à l'arrière de la classe pour ramener à l'ordre Coralie et Cassendre, qui n'arrêtent pas de nous fixer en riant au lieu de travailler. Je poursuis la discussion comme si de rien n'était :

– *That keychain that looks like a quetzal.*

– *Quetzal?*

Je lui explique que c'est le nom d'un oiseau tropical, l'animal emblématique du Guatemala, mon pays natal. Ce que je ne dis pas, c'est que ce porte-clés est la toute première chose que j'ai volée, quand j'avais trois ans. J'étais au marché de Chichicastenango avec maman; papa était en tournée. Ma mère était occupée à négocier pour un masque en bois à tête de singe, et j'en ai profité pour prendre le porte-clés pendant qu'elle avait le dos tourné. Enfin, je suppose que c'est ce qui est arrivé, car je ne m'en souviens pas vraiment, mais c'est ce qu'on m'a raconté. Et j'ai encore le quetzal pour le prouver, puisque maman avait accepté que je le garde, à condition qu'on retourne le payer et que je m'excuse auprès du commerçant. Il paraît que cet oiseau porte chance. J'en doute. Le mois suivant, ma mère perdait son emploi au département des sciences de l'université de Chichi, notre chien fuguait et l'on devait se résoudre à traverser la frontière sans lui pour déménager au Mexique. Le vol du quetzal a donc marqué le début d'une nouvelle vie, ou devrais-je dire, le début des ennuis...

Ça me gêne de m'ouvrir à ce sujet. J'ai le sentiment d'en avoir déjà trop dit. À mon tour de faire parler Gabi.

– *What about you?*

– *Me?*

– *Your object?*

Il dépose sur le bureau une clé USB. Celle que je lui ai volée en début d'année. Je me sens blêmir. J'espère que ça ne se voit pas. Serait-il en train de me tester ? Gabi me raconte sur le ton de la confidence que cette clé contient des photos qu'il n'a encore jamais montrées à personne.

À présent, je sens mes joues s'enflammer. S'il vous plaît, faites qu'il ne me voie pas rougir ! Je ne vais quand même pas lui avouer que je les ai regardées, moi... C'est finalement lui qui change de sujet (et de langue) :

– Tu devrais t'acheter une nouvelle brosse à dents.

– Hein? Pourquoi?

– Comme ça. Conseil d'ami.

Depuis quand on est amis, lui et moi? Aux dernières nouvelles, il faisait partie de la bande à Coralie.

Il me chuchote à l'oreille:

– C'est fou, tout ce qu'on peut cacher dans une table de chevet.

Je ne comprends pas ce qu'il entend par là. Mais je n'ai pas le temps de lui demander des explications. La cloche annonce la fin de la période.

Ce n'est qu'une fois de retour dans ma chambre que je comprends ce qu'il a voulu dire. Dans le tiroir de la table de chevet de Coralie, je trouve une liste. Une liste qui me concerne. Je n'en crois pas mes yeux. C'est impossible... Elle n'a quand même pas osé me faire ça! Si?

DÉGUEULASSE!

Oh, la vache! Oh, la chienne! Moi aussi je suis capable de dresser une liste. Elle n'est pas la seule à pouvoir faire des mauvais coups. J'arrache une feuille de mon cahier et je me mets à écrire à toute vitesse, trop enragée pour réfléchir.

- Empoisonner Harry.

- Lui voler tous ses amis.

- Détruire sa réputation.

chapitre 27

LE LIÈVRE ET LE LIÈVRE

J'attache les lacets de mes baskets avec un double nœud. Je dois absolument gagner cette course, pour plein de raisons évidentes. Je me suis entraînée comme une folle, ce serait tellement nul de ne pas battre le directeur ! Et trop humiliant, en plus.

Rassemblés dans le gymnase, lui, P-A (il fallait un témoin) et moi, nous définissons les règles : si je gagne, ma dette est annulée ! J'aurais aussi négocié d'être exemptée des cours de course à pied, mais nous n'en faisons plus depuis la fin octobre. Le prof nous initie maintenant à l'entraînement en salle.

Nous concluons notre entente avec une poignée de main et nous nous installons sur la ligne de départ. Trois allers-retours jusqu'au mur, voilà ce qui me sépare de ma possible délivrance.

3-2-1-*GO!*

Je cours le plus vite que je peux (évidemment). Monsieur Sioui Roberge atteint le mur à l'autre bout du gymnase avec une petite longueur d'avance sur moi, mais rien d'insurmontable. Nous revenons à notre point de départ et repartons. Cette fois, j'arrive à prendre une infime avance, mais rien qui ne me garantit la victoire. C'est dans le dernier retour que je donne tout ce que j'ai dans les jambes, les poumons et le ventre. Mon avance n'est pas énorme, quelques fractions de seconde tout au plus nous séparent, mais c'est suffisant pour me procurer la victoire!!!!!

Les bras dans les airs, je hurle de joie! Dans tes dents, monsieur le directeur! Je me tourne vers les deux hommes pour contempler leur visage devant mon écrasante victoire. Ils me regardent avec ce que l'on dirait être de la fierté. Ils crient et ont l'air aussi heureux que moi. Ça va, la tête? C'est moi qui viens de gagner, pas eux!

Tant pis, je célèbre avec eux, puisque ça leur fait tant plaisir ! Bon sang que les gens sont bizarres, ici !

chapitre 28

L'AVOCAT DU DIABLE

C'est le dernier cours de la journée. La dernière période avant ma rencontre de fin d'étape avec Vanessa et mes parents. Comme ceux-ci ne peuvent être présents physiquement à cause de la distance, ils se joindront à nous par visioconférence.

J'angoisse à fond. Je me fais plein de scénarios catastrophes. Ça n'a rien à voir avec mes notes, qui sont juste assez bonnes pour satisfaire mes profs et mes parents, mais pas au point d'attirer l'attention des autres élèves. Si je stresse autant, c'est que je sais d'avance ce qui va se passer. Vanessa va leur dire que j'ai du mal à m'intégrer. Que je refuse son aide. Que je suis en guerre avec ma coloc. Que je n'ai fait aucun progrès depuis la rentrée. Et je ne pourrai même pas protester, parce que tout ça est vrai.

Ma mère voudra sans doute me convaincre de changer d'école. Mon père me posera tout un tas de questions pour chercher à comprendre ce que je veux vraiment. La vérité, c'est que je ne le sais pas moi-même.

– ... toxiques pour les animaux. C'est pour cette raison que les plantes et la nourriture sont interdites dans les chambres.

Je tends l'oreille au discours de madame Boisvert. Aujourd'hui, la prof de sciences nous met en garde contre les espèces végétales nocives pour les chiens et les chats. Je ferais mieux d'écouter, ça pourrait m'éviter de mettre la vie de Chava en danger.

Une foule de fleurs et de plantes défilent sur le tableau interactif tandis que l'enseignante apporte des précisions sur les complications possibles liées à leur ingestion par nos animaux de compagnie. J'apprends avec étonnement que l'avocat est un fruit (j'étais persuadée que c'était un légume!) et que sa chair, tout comme sa coquille et son noyau, contiennent de la persine, une molécule très dangereuse pour les animaux. Combien de fois ai-je mangé du guacamole à côté de *mi gatita* sans me douter qu'elle pourrait s'empoisonner? Ça me fait trembler rien que d'y penser!

Mais pour l'instant, j'ai d'autres chats à fouetter (façon de parler, bien sûr!). La cloche annonce la fin de la période. J'enfile son harnais à Chava et ramasse mes affaires, puis je quitte la classe de sciences pour aller aux toilettes m'asperger le visage d'eau froide avant de me rendre au local de Vanessa. J'avance en traînant les pieds, comme une condamnée à mort se dirigeant vers la chaise électrique.

J'entends une musique étrange à mon arrivée dans le bureau. Les lumières sont tamisées. Vanessa a les yeux fermés. J'ai l'impression de la déranger. Elle m'accueille pourtant d'un large sourire.

– Carma! Je t'attendais!

J'ai envie de dire que ça ne se voyait pas, mais je me retiens. Autant mettre toutes les chances de mon côté pour que ça se passe bien. Je lui souris en retour.

– Comment va Chava?

– Ah... Chava, cha-va!

On rit. Elle franchement, moi un peu jaune. Je ne peux pas croire que j'ai fait cette blague-là! C'est trop nul. L'éducatrice sort de sous son bureau une petite plante en pot qu'elle place devant mon chat. Et là, Chava devient comme possédée. Ses pupilles se dilatent, elle se met à mordiller les brins d'herbe en ronronnant follement. Je panique.

– C'est... c'est... pas toxique?

– Non, non, c'est de l'herbe à chat, c'est sans danger pour elle.

Je sens ma mâchoire se décrisper et mes muscles se relâcher un peu, mais pas totalement. J'ai encore plein de raisons de stresser.

– Tu peux t'asseoir, m'invite Vanessa. Je vais lancer l'appel vidéo et permettre à tes parents de nous rejoindre.

– Cool.

C'est ma mère qui répond en premier. Elle est belle, avec ses lunettes, son teint foncé et ses cheveux relevés. Tout le monde dit qu'on se ressemble. Je ne trouve pas.

– Bonjour, Vanessa! *Hola, mijita!* Ton père m'a dit qu'il avait du mal avec sa connexion. Il nous rejoint dès qu'il peut.

Je parle souvent à ma mère au téléphone et l'on se fait parfois des FaceTime le week-end. Mais c'est plus compliqué de joindre mon père lorsqu'il est en tournée avec son groupe; son horaire est toujours un peu à l'opposé du mien. J'ai hâte de voir son visage, même si je sais qu'on ne pourra pas vraiment se parler. Comme il est souvent parti, j'ai l'habitude d'être longtemps séparée de lui, mais je dois avouer que là, il commence sérieusement à me manquer.

Vanessa prend les devants.

– Comme vous le savez, le but de cette rencontre est de faire le point sur les apprentissages de Carma afin d'établir ensemble la meilleure façon de l'accompagner tout au long de son secondaire.

Ma mère acquiesce; moi, je retiens mon souffle.

– Mais j'aimerais d'abord t'entendre, Carma. Es-tu heureuse parmi nous?

Heureuse? Je ne me suis pas vraiment posé la question. Depuis le début de l'année, je «fais mon temps», comme si j'étais en prison. Et pourtant, je ne peux pas dire que je suis malheureuse. Les profs ne sont pas trop chiants, les cours sont même plutôt intéressants. Les autres élèves me laissent indifférente, mais c'est agréable d'être entourée d'animaux, de partager mon quotidien avec Chava.

Je réponds par l'affirmative sans me donner la peine de développer.

– J'ai discuté avec tes enseignants. Tes résultats scolaires sont plus que satisfaisants, mais tout le monde est d'avis que tu pourrais t'impliquer davantage.

Je baisse les yeux.

– Le gala de Noël approche. Pourquoi ne pas présenter un numéro de chant ?

– Je... je... ne chante pas en public.

– Tu nous as pourtant prouvé le contraire à la soirée d'Halloween !

Elle se moque de moi, ou quoi ? Je me suis déjà humiliée une fois, pas besoin d'en rajouter. Ma mère s'en mêle :

– Tu ne m'avais pas dit ça ! Ton père serait tellement fier !

C'est plutôt l'inverse. S'il avait assisté à ma piètre performance, il aurait sûrement envie de me renier. Je m'entends marmonner :

– J'aimerais mieux brûler en enfer que de monter sur scène.

– C'était juste une suggestion, avance Vanessa d'un ton bienveillant. Je comprends tout à fait ta timidité, mais je t'ai entendue chanter dans ta chambre. Tu as beaucoup de talent. J'aurais envie de t'encourager à le mettre en avant.

– Carma a toujours été douée pour les arts, reconnaît ma mère. Dommage qu'elle soit aussi timide…

Cette fois, Vanessa prend ma défense :

– Je suis d'accord avec vous, mais la timidité n'est pas forcément un défaut. On a remarqué que votre fille faisait preuve de sagesse et d'une grande sensibilité. L'empathie est une belle qualité à cultiver. N'est-ce pas, Carma ?

– Je… euh… oui, oui.

– On a aussi noté une grande maîtrise de soi. Mis à part deux incidents mineurs, la cleptomanie de Carma ne s'est pas manifestée cette année.

Disons plutôt qu'à part la broderie du directeur et le rouleau à bille de l'éducatrice féline, je ne me suis pas fait prendre pour ce que j'ai volé... Ça me fait penser : où est-ce que j'ai mis la clé empruntée au surveillant du week-end ? Je l'avais totalement oubliée !

Mon père parvient enfin à se connecter. Son visage apparaît à l'écran, mais l'image est gelée. Ses yeux sont cernés, il semble fatigué. Papa disparaît aussi vite qu'il est arrivé. Ma mère reçoit un texto. Elle nous informe qu'il doit se résoudre à rater notre rencontre ; sa connexion internet est trop instable. Je suis à la fois soulagée et déçue.

– Pas de soucis, dit Vanessa. Vous pourrez lui résumer notre conversation.

– Bien sûr.

– J'aimerais aborder un dernier point. J'ai cru comprendre que la cohabitation avec ta colocataire et son chien n'est pas de tout repos...

– Ouais, ben… c'est sûr que vivre avec Satan, ce n'est pas reposant.

– Carma, reste polie ! me réprimande ma mère.

– Je n'exagère même pas, cette fille fait tout pour que ma vie soit un enfer !

– Écoute, je vais me faire l'avocate du diable. C'est souvent dans les moments difficiles qu'on apprend à mieux se connaître. Les conflits, ce n'est jamais agréable, mais ça fait partie de la vie.

Je fais oui de la tête, même si je pense : « Le boudin aussi, ça fait partie de la vie, mais je ne suis pas obligée d'en manger pour autant. » Vanessa poursuit :

– Je ne me souviens plus qui disait : « Que la force me soit donnée de supporter ce qui ne peut être changé et le courage de changer ce qui peut l'être, mais aussi la sagesse de distinguer l'un de l'autre. » Est-ce que c'est Gandhi, Marc Aurèle ou Kanye West ?

– Marc Aurèle, je pense ? suppose ma mère.

À croire qu'elle sait qui est ce monsieur dont le nom sonne comme « ma querelle » !

– Je pense aussi. Tout ça pour dire que tu ne pourras pas changer de colocataire avant l'an prochain, Carma, mais d'ici là, rien ne t'empêche de changer la façon dont tu perçois la situation.

Je continue à faire « oui » de la tête. Pourquoi changer une stratégie gagnante ? Ma mère finit par raccrocher et la rencontre, par se terminer sans condamnation à mort. Je m'en sors plutôt bien, au final. Peut-être que Vanessa a raison, au fond… Tout est une question de perspective, il suffit parfois de retourner la situation. Comme si elle lisait dans mes pensées, l'éducatrice me confie qu'elle donnera des cours de yoga dès janvier.

– Les animaux seront les bienvenus. Si tu veux, je t'enseignerai le Salamba Sirsasana, ou comment tenir sur ta tête. Il n'y a rien de mieux pour remettre les idées en place !

– Oh, oui ! J'aimerais ça.

Le pire, c'est que je suis sincère. C'est le monde à l'envers.

chapitre 29

TOUTE MAUVAISE CHOSE A UNE FIN

Assise sur une chaise de cuir dans le bureau de P-A, avec mes parents à côté de moi, je me ronge les ongles. Ça me rappelle des souvenirs de moi en primaire dans le bureau de la direction en train de me faire réprimander, et de mes enseignants qui lisent mon plan d'intervention avec un air sévère. Rien que d'y repenser, j'en ai mal au ventre.

P-A salue mes parents et explique :

— Comme je vous l'ai mentionné au téléphone, cette rencontre de fin d'étape sert à faire un bilan du cheminement de Coralie au collège.

Ma mère est la première à répondre :

— Selon ce que vous nous disiez dans nos appels hebdomadaires, nous pensions que tout allait quand même bien.

— Est-ce que j'ai dit le contraire ? demande mon éducateur en souriant et en se reculant sur sa chaise de bureau.

Mon père précise, un peu nerveux :

— Non, mais c'est que nous avons l'habitude de...

— De vous inquiéter pour votre fille, c'est tout à fait normal.

Je sais très bien que ce n'est pas du tout ce que mon père allait dire. P-A me lance un petit clin d'œil complice, je souris. Il me demande :

— À ton avis, Coralie, comment ça se passe pour toi ici ?

Je sursaute, surprise qu'on me pose la question. Je m'attendais à ce que l'éducateur nous fasse son bilan. Perplexe, je bafouille :

— Euh... Je ne sais pas... Je... Ce n'est pas à toi de me le dire ?

P-A me renvoie la balle.

— La meilleure personne pour le savoir, c'est toi, Coralie. Est-ce que tu te sens bien ici ?

— Euh... Oui, quand même.

— Est-ce que tu te sens respectée et aimée ?

HEIN ?! Mais c'est quoi, cette question ? On est en thérapie de couple ou dans une rencontre scolaire ? Pourquoi il ne me demande pas si j'aime mes cours ou si j'écoute en classe ? Je pourrais lui dire que oui. Pourquoi il ne me demande pas si j'ai des amis ? Je pourrais montrer à mes parents que j'en ai plein.

Je fixe P-A avec confusion, j'attends qu'il reformule sa question. Mais il n'en fait rien. Je me sens obligée de répondre, mais je ne sais plus trop à quoi exactement.

— C'est quoi déjà, la question ?

Ma mère soupire subtilement et P-A répète :

— Est-ce que tu te sens aimée et respectée au collège ?

J'y pense quelques instants. Je revois le directeur et son regard fier, Gabi avec qui je rigole sincèrement, P-A qui est toujours calme avec moi, tous les profs qui ne m'ont jamais tapé sur les nerfs, madame Suzette qui me traite comme sa petite-fille... J'aurais envie de répondre oui. Mais, d'un autre côté, il y a aussi Carma avec son air méchant et Patricia qui me surveille un peu trop. C'est pourquoi je dis avec hésitation :

— Quand même.

P-A prend son crayon et continue :

— Si tu pouvais changer une chose, ce serait quoi ?

Sans aucune hésitation cette fois, je rétorque :

— Ma coloc !

P-A écrit dans son cahier en ricanant :

— Pas facile, la cohabitation entre chien et chat, n'est-ce pas ?

— Ouais... Vraiment pas.

L'homme tatoué déplace son regard sur mes parents.

— De notre côté, nous avons remarqué un énorme potentiel chez Coralie. Tous ses enseignants sont unanimes : elle est très douée.

Mon père recule sa tête et hausse les sourcils en répétant :

— Douée ?

Je le comprends, je suis tout aussi étonnée que lui. J'ai passé ma vie à me faire dire que j'étais nulle à l'école.

Ma mère demande :

— Alors, Coralie n'est pas TDAH dyslexique-dysorthographique ?

— Euh si, mais l'un n'empêche pas l'autre ! Vous savez, j'ai également un diagnostic de TDAH dyslexie-dysorthographie, mais ce n'est pas ce qui me définit.

Je suis surprise, je ne savais pas ça ! P-A poursuit :

— Nous avons observé chez Coralie un fort sens de l'engagement, une créativité sans limites, une facilité à aller vers les gens et à tisser des liens, un leadership important et une intelligence plus élevée que la moyenne.

Des larmes coulent sur les joues de ma mère. P-A lui demande :

— Qu'est-ce qui vous fait réagir ainsi, madame Gagné ?

Ma mère sanglote :

— C'est la première fois qu'on me dit ça... La première fois qu'on voit exactement la même chose que moi chez ma fille.

Eh merde ! Je ne m'attendais pas à cette réplique. J'ai une boule dans la gorge. Pas question que je pleure ici !

P-A se tourne vers moi.

— Qu'est-ce que ça te fait d'entendre ça, Coralie ?

C'est con, mais si je parle, je pleure. Alors je me contente de relever les épaules.

Le reste de la rencontre se passe si bien que je ressens le besoin de me pincer en sortant. P-A m'a assuré que s'il y avait une possibilité de me changer de chambre, il le ferait. Puis, il m'a rassurée en me disant que l'an prochain, je pourrai bien sûr choisir une autre coloc. On a fait la liste des points que l'école doit améliorer pour que la vie y soit plus agréable et celle des comportements que je dois adopter pour aider. Je me suis sentie bien, car j'avais l'impression qu'on formait une équipe. Comme mon éducateur dit si bien : « Au CCD, il n'y a pas que les élèves qui évoluent, le collège aussi ! » D'ailleurs, ça me fait rire de penser à ça, parce que dans cette optique, la théorie de l'évolution de Darwin, qui dit qu'on évolue pour s'adapter à notre environnement et non le contraire, est complètement ratée ! Assez ironique que l'école porte le nom de ce type-là !

Évidemment, tout n'est pas parfait, je dois encore travailler sur mon arrogance, mon opposition face à l'autorité, mon hyperactivité et mes maudits troubles d'apprentissage. Mais P-A m'a assuré que nous avons tous une bête sauvage à l'intérieur de nous qu'il faut dompter. Chacun ses forces, chacun ses défis. Je ne suis pas plus cruche qu'un autre, maintenant je le sais.

Au terme de cette rencontre, une des phrases que P-A a dites me trotte dans la tête : « Il y a parfois une partie de nous qui a un problème, et c'est seulement une autre partie de nous-même qui peut le régler. » Je sais, je suis zarbi ! Oups ! Pendant notre rencontre, j'ai promis à mon éducateur d'arrêter de traiter de zarbi tout ce qui est différent ou inhabituel. Alors, disons que je suis… unique ! Et si jamais j'avais un problème (car je continue de penser que je n'en ai pas), ce ne serait qu'une petite partie de moi qui en souffrirait, pas mon être en entier.

Ouf ! J'ai les jambes engourdies après une heure passée assise dans le bureau ! Il me semble que j'irais courir un peu avant de prendre la route pour la maison, ça me ferait du bien !

Attends, là, est ce que je viens vraiment de penser ça ? Le visage de monsieur Sioui Roberge me revient en tête… Je souris, amusée et découragée de moi-même. Maudit sorcier !

J'explique à mes parents que j'ai besoin de courir avant de partir. Surpris par cette demande, ils acceptent de m'attendre. Pendant ma course, je ne peux m'empêcher de répéter toutes les belles choses que P-A a dites sur moi, non pas parce que ça me fait plaisir, mais plutôt parce que je me sens mal pour ce que j'ai fait à son insu. Les vols dans la cuisine, les coups bas à Carma... Si P-A apprend ça, il ne sera pas fier de moi. Je vais me débarrasser de la clé de la cafétéria et laisser Carma un peu tranquille, je crois. J'ai bien vu qu'elle n'était pas dans son assiette ces derniers jours. J'en ai peut-être trop fait, et puis, dans le fond, toute mauvaise chose a une fin, non ?

chapitre 30

LE SAPIN A DES BOULES (LE PÈRE NOËL AUSSI)

La grande salle a des airs de fête. Des guirlandes rouges et dorées décorent les balustrades, un immense sapin de Noël illumine l'avant de la scène, les lustres diffusent un éclairage doux et enveloppant. Chacune des cinq longues tables est recouverte d'une belle nappe blanche et de décorations en forme de flocons. Les plats se succèdent, tous plus appétissants les uns que les autres : potage aux patates douces et croûtons de pain aux épices, baluchons aux légumes et fromage de chèvre, mousse à l'avocat et aux petits pois. Pour le dessert, on nous promet une bûche enneigée accompagnée d'un lait de poule végétal. Je me régale!

En cette dernière soirée au collège avant les congés, le personnel de l'école nous a concocté un dîner-spectacle. Si le repas est un délice, je n'oserais pas dire que le gala est un succès. Certains numéros sont dignes d'intérêt, mais la plupart se révèlent d'un ennui total. Une fille sort de scène après avoir fait de la batterie sans aucun sens du rythme. On dirait juste qu'elle s'est donné comme objectif de faire le plus de bruit possible. Mes oreilles saignent. Par contre, le garçon qui s'avance pour la remplacer a de quoi retenir mon attention. Il est en secondaire deux, je crois. Accompagné de son chien, un petit Jack Russel hyperactif, il entame une chorégraphie vraiment ridicule, mais très drôle. Son animal lui obéit au doigt et à l'œil, il suit chacun de ses mouvements. J'avoue que le numéro ne serait pas aussi intéressant si le garçon n'était pas si beau… Je l'ai déjà croisé dans l'école, mais je n'avais jamais remarqué à quel point il est sexy. En uniforme, tous les garçons se ressemblent un peu, mais maintenant qu'il est habillé en civil, je peux constater à quel point il a un beau style. Grand et mince, presque maigre, des cheveux longs et ébouriffés qui lui font une tête de lion, un sourire dévoilant une dentition parfaitement imparfaite, un teint lumineux. À force de le dévorer des yeux, j'en oublie de manger. Ma mousse est en train de sécher dans mon assiette, mais je m'en fous. Je ne veux rien manquer.

Quand il invite son chien à sauter dans ses bras pour saluer l'assistance, je me surprends à applaudir frénétiquement en sifflant comme une groupie. Pathétique. Le regard amusé de Gabi, de l'autre côté de la table, me force à calmer mes ardeurs. Il n'est manifestement pas le seul à avoir remarqué mon intérêt pour le danseur. À la table des secondaire deux, Aza... Laurie m'observe aussi. S'il n'y avait pas un froid entre nous, je profiterais de la première occasion pour lui demander des infos sur le demi-dieu à la crinière de lion. Mais comme j'ai l'intention de continuer à me tenir loin d'elle et de ses mensonges, je me contente du prénom annoncé par l'animatrice.

Léon.

Je suis parcourue d'un frisson. Mon nom d'utilisatrice sur tous mes comptes est KarmaLeon. Ça ne peut quand même pas être un simple hasard, c'est forcément un signe. On est faits l'un pour l'autre !

La fille aux cheveux mauves qui assure l'animation annonce le prochain numéro, celui des profs, qui nous ont préparé un petit sketch humoristique. J'entends les élèves rire, mais je ne saurais dire s'ils réagissent aux blagues de nos enseignants ou à leurs déguisements de lutin. Je n'écoute plus, je me réfugie dans ma tête, où des images de Léon et moi enlacés se superposent à d'autres où l'on chante en dansant sous le regard attendri de nos animaux. Mes pensées se transforment en théâtre musical. Mieux : en film Bollywood à grand budget avec des centaines de figurants en saris et vêtements traditionnels très colorés.

Ce n'est qu'au moment où un père Noël avec des seins et la peau noire vient annoncer la distribution des cadeaux que je reviens à la réalité. Je mets un certain temps à reconnaître madame Suzette, la bibliothécaire, derrière la barbe blanche. Son costume est amusant, mais pas autant que celui du directeur, qui la rejoint vêtu d'un tutu, baguette à la main. La fée des Étoiles [2]! Une chose est sûre : monsieur Sioui Roberge et madame Suzette n'ont pas peur du ridicule. Ce n'est pas mon ancienne directrice qui aurait osé se déguiser ainsi... En fait, tous les adultes ici sont prêts à mettre leur orgueil de côté pour faire rire la galerie.

Coralie est parmi les premières à être invitée à aller chercher son cadeau. Non pas qu'elle le mérite plus que

---

2. Au Canada, le Père Noël est accompagné d'une fée qui l'aide lors de la rencontre avec les enfants.

les autres, mais parce que l'ordre alphabétique la favorise. Tout le monde reçoit un cadeau, ce qui pourrait sembler exceptionnel, mais au prix que nos parents payent, j'imagine que l'école se garde un peu d'argent pour ce genre de petites attentions.

Ma coloc me fixe avec un air de défi avant de se lever. Au moment de remonter l'allée avec son cadeau dans les mains, elle s'arrête devant la table des secondaire deux pour dire quelque chose à Léon. MON Léon ! Je le vois rougir et la remercier. Bon, j'ignore s'il répond vraiment « merci », parce que je ne suis pas très douée pour lire sur les lèvres, mais ça ressemble à ça vu d'ici.

Je serais prête à jurer que Coralie est allée lui parler pour le simple plaisir de me faire réagir. Si Gabi a remarqué mon intérêt, il peut très bien l'en avoir avertie. Et moi qui pensais qu'il m'aimait bien depuis le cours d'anglais ! J'aurais dû me douter qu'il lui resterait fidèle. Les amis de mon ennemie sont mes ennemis.

Les élèves de mon année reçoivent leur cadeau un à un. Quand vient mon tour, j'ai du mal à contrôler le tremblement de mes mains. Je suis dans une rage pas possible. Mes jambes peinent à me porter tellement elles sont flageolantes. Il ne manquerait plus que je trébuche à la vue de tous. *Allez, Carma, mets un pied devant l'autre.*

Je finis par arriver à l'avant de la scène, et prendre le paquet tendu par le père Suzette. Celle-ci m'annonce sur le ton de la confidence :

– Tous les cadeaux ont été choisis avec soin, mais je suis particulièrement fière du tien. Viens me voir au retour des congés, je te donnerai des trucs pour mieux t'en servir.

Ma curiosité est piquée. Je me doute qu'il s'agit d'un livre, puisque c'est offert par la bibliothécaire et que tous les autres élèves de mon niveau ont reçu un bouquin, mais pourquoi aurais-je besoin de conseils pour m'en servir ? Je sais lire. Je m'empresse de regagner ma place pour le déballer. J'y découvre un coffret contenant un livret et un jeu de cartes.

Le tarot des chats.

Je ne sais pas quoi penser de ce cadeau. Il est intrigant, c'est vrai, mais je ne comprends pas pourquoi madame Suzette l'a choisi spécialement pour moi. Je n'ai rien d'une tireuse de cartes, et puis je ne suis pas la seule ici à aimer les chats. Est-ce qu'il y a quelque chose qui m'échappe ?

Bah ! Je pourrai toujours m'en servir pour savoir s'il y a des chances que Léon s'intéresse à moi un jour... En parlant du beau garçon, le voilà qui regarde dans ma direction. On jurerait qu'il pose ses yeux sur moi. J'hallucine, ou quoi ? Il me fait un petit sourire et se retourne vers l'avant. Ça y est, je vais m'évanouir !

Demain, je prends l'avion pour le Guatemala, où nous attendent mes grands-parents paternels pour célébrer le réveillon. J'ai très hâte de les revoir et de me retrouver en famille loin du Collège Charles-Darwin et du froid québécois, mais c'est tout de même injuste de découvrir l'existence de l'homme de ma vie juste avant de partir d'ici. J'ignore si les vacances me paraîtront affreusement courtes ou terriblement longues, à rêver de Léon à distance.

Tout ce que je sais, c'est que je dois empêcher Coralie de mettre la main sur lui et me venger de tout ce qu'elle m'a fait subir avant de partir... Ce sera mon petit cadeau de Noël !

chapitre 31

LA MAGIE NOIRE DE NOËL

J'ai toujours aimé l'ambiance des fêtes de fin d'année, avec cette impression qu'à tout moment, un miracle peut se produire. J'ai d'ailleurs fait une petite liste de miracles que j'aimerais voir se réaliser ce soir pendant le gala de Noël :

1. Que Kaleb m'avoue qu'il est amoureux de moi. (Même si je sais que c'est impossible... Si c'était possible, ça ne serait pas un miracle.)

2. Que le wifi soit disponible toute la soirée.

3. Qu'on nous serve une dinde pour le repas !

4. Que Gabi et Cass se réconcilient. (Elle l'accuse de l'avoir dénoncée pour l'histoire de l'alcool dans le punch, et Gabi se défend qu'il n'avait pas le choix, sinon c'est lui qu'on aurait puni.)

5. Que Carma m'épargne ses regards désagréables pour que je puisse continuer à me retenir d'être méchante avec elle. (Car, oui... J'ai décidé de la laisser tranquille pour de vrai, sous les bons conseils de Gabi.)

Reste à voir maintenant si la magie de Noël opérera... Déjà en lisant le menu imprimé sur les feuilles rouge et doré, je comprends qu'il n'y aura pas de dinde. Déception !

Le spectacle est très divertissant. La fille aux percussions est impressionnante, sa musique me fait vibrer jusque dans les pieds. Peu de secondaire un font partie des numéros, moi aussi j'ai refusé. En secondaire un, c'est trop intimidant de monter sur scène devant toute l'école. Mais je me reprendrai l'an prochain, c'est certain ! J'ai tellement hâte de ne plus être dans les plus jeunes du collège.

Pendant le numéro de Léon, je remarque que Carma a vraiment l'air plus intéressée que lors des autres prestations. Ma coloc est rarement enthousiaste comme ça, je suis même étonnée de la voir afficher une autre émotion que le dégoût ou la colère ! En tout cas, elle est beaucoup plus jolie quand elle sourit !

Je me tords de rire quand madame Santa Suzette, dans son costume extraordinaire, m'appelle à l'avant pour venir chercher mon cadeau. Le directeur des Étoiles me dit de sa voix exagérément aiguë, en brandissant sa baguette magique :

— Le Collège Charles-Darwin est très fier de te compter parmi ses élèves, Coralie April. Voici un cadeau pour toi !

Le « père Noël » me tend le cadeau en précisant :

— Mes lutins ont travaillé fort pour toi, j'espère que tu aimeras ton cadeau.

J'attrape le paquet et, dans un élan de joie et probablement à cause de la magie de Noël, je saute au cou de Santa Suzette et de monsieur la Fée. Jamais je ne me suis sentie autant appréciée dans une école. En retournant à ma place, je remarque que Kaleb me fixe. Quand nos regards se croisent, il m'envoie un sourire radieux et je fais pareil. Hum… Magie de Noël, ou pas ?

Quand je passe à côté de Léon, une étincelle s'allume en moi (probablement encore cette magie). Je m'arrête et je lui souffle à l'oreille :

— J'en connais une à la table des secondaire un, deuxième chaise face à toi, qui a l'air d'avoir aimé ton numéro…

Je me redresse pour continuer mon chemin et aller déballer mon cadeau qui, sans surprise, est un livre. Une fois la bande dessinée déballée, je la lance à Gabi en disant :

— Cadeau pour toi !

Mon ami s'étonne :

— Hein ? Tu me la donnes ?

— Je n'aime pas lire… Ça fait mille fois que je le dis !

— Ah ! Ben, merci !

Sur scène, j'aperçois Santa Suzette qui me regarde tristement. Je m'empresse de me relever de ma chaise pour arracher la BD des mains de Gabi.

— Je rigole ! Je la garde !

— Coco ! Franchement… Pourquoi tu m'as dit ça ?

Je ris en expliquant entre mes dents souriantes :

— Elle me regarde, je te la donnerai plus tard.

Gabi comprend tout de suite de qui je parle et ne proteste pas.

La soirée tire à sa fin, déjà quelques élèves sont retournés à leur chambre. Moi, j'ai l'intention de partir en dernier, pour une fois qu'il se passe quelque chose d'amusant ! Même les éducateurs veulent faire la fête ! Carma est évidemment rentrée parmi les premières, c'est à croire qu'elle est allergique au plaisir, elle.

Une main sur mon épaule me fait sursauter. C'est Kaleb qui me demande :

— Alors ? Est-ce que tu trouves le gala de Noël zarbi ?

Je souris en ricanant.

— Non, c'est amusant.

Il ajoute :

— Léon a l'air de t'avoir fait de l'effet...

— Hein ? Pas du tout !

Kaleb s'éloigne avec l'attitude d'un garçon qui m'accuse de mentir. Je me lève de ma chaise et je crie :

— C'est toi qui me fais de l'effet !

J'éclate de rire en me rasseyant. Mes amis sont tout aussi amusés que moi, et soudain, j'entends des élèves de secondaire trois qui sifflent à leur table, suivis des secondaire quatre et cinq qui se joignent à eux. Tout le monde me regarde... Oups ! J'ai peut-être crié un peu trop fort. Moment à la fois embarrassant et euphorisant !

Sur le chemin de retour vers ma chambre, plusieurs personnes que je ne connais pas me sourient. Comme si mon intervention de tout à l'heure m'avait mise en avant ! Bonne nouvelle : je déteste être dans l'ombre. Je ne sais pas si Kaleb a compris que ce n'était pas une blague... Je le laisserai venir à moi, comme on dit, la balle est maintenant dans son camp. En parlant de balle, je presse le pas, car Harry doit vraiment avoir hâte que je le sorte de la chambre. Au moins, je ne l'ai pas enfermé dans sa cage, le pauvre.

Je vais aller jouer à la balle avec lui dans le parc à chiens avant de dormir, sinon j'ai peur qu'il soit trop excité cette nuit. J'ouvre la porte de ma chambre et je tombe sur Carma, agenouillée devant Harry, couché par terre. En me voyant, ma coloc se lève d'un bond en bégayant :

— Il-il-il respire bi-bi-bizarrement.

Qu'est-ce qu'elle veut dire par là ? Je m'agenouille à mon tour, et immédiatement, je vois qu'il y a un problème. Mon chien a le regard absent, une respiration haletante, et je remarque qu'il y a deux flaques de vomi près de lui. La panique s'empare de moi. Il ne va pas bien. Je hurle de tous mes poumons :

— PATRICIA!!!!!!!!!

La surveillante bondit dans ma chambre.

— Qu'est-ce qui se passe, Coralie ?

Je tremble, je pleure, je hurle :

— HARRY NE VA PAS BIEN !

Patricia se penche sur mon chien, prend ses signes vitaux, attrape son talkie-walkie et lance :

— Urgence vétérinaire, pensionnat filles un, besoin d'un véhicule immédiatement.

Je répète, inquiète :

— Un véhicule ?

— Habille-toi, Coralie, tu vas accompagner Harry aux urgences.

J'obéis sans rouspéter. P-A débarque, encore déguisé en lutin. Il prend mon chien dans ses bras et me demande de le suivre. Avant que je quitte la chambre, Carma m'attrape la main et chuchote :

— Je suis tellement désolée, Coralie.

Je retire ma main de la sienne, ce n'est vraiment pas le moment pour tenter une réconciliation. La magie de Noël, c'est une sacrée merde !

La route me paraît interminable jusqu'aux urgences vétérinaires. Heureusement, en arrivant, je vois que deux vétérinaires nous attendent. Elles embarquent Harry sur une civière et filent avec lui, me laissant seule avec P-A. Je pleure dans les bras de mon éducateur, qui m'assure que mon chien est entre de bonnes mains.

— La vétérinaire en chef a étudié à Charles-Darwin, elle aussi. C'est la meilleure, tu verras.

Je pleure trop pour répondre. Le temps s'écoule lentement.

Finalement, une personne vient se présenter.

— Bonjour, Coralie, je suis la docteure Paquin. Harry est dans un état stable, mais critique. J'ai besoin de savoir ce qu'il a mangé.

— Rien, il était dans ma chambre.

— T'es sûre? Parce que je suis presque certaine qu'il fait un empoisonnement alimentaire.

— Hein? Mais ça ne se peut pas!

— Écoute, Coralie, je vais être honnête avec toi, je ne sais pas si ton chien passera la nuit. Nous allons tout faire pour lui sauver la vie, mais ce n'est pas gagné.

Je suis sous le choc. P-A m'attrape la main et dit:

— Je vais contacter tes parents.

Empoisonné? Mon chien a été empoisonné? Je revois Carma penchée sur lui, la phrase qu'elle m'a dite avant que je parte résonne dans ma tête: «Je suis désolée. » Elle n'a pas fait ça ? Elle n'a pas osé faire ça, hein ?

Carma a empoisonné mon chien... Debout en plein milieu de la salle d'attente, je hurle de rage :

— JE VAIS LA TUER !

À suivre...

Sur les serveurs de La Ligue des mercenaires, les gamers la connaissent sous le nom de Stargrrrl, une dangereuse tireuse d'élite dont il vaut mieux ne pas se retrouver dans la mire.

Derrière ce visage se cache Laurianne, une jeune fille qui partage le plus clair de son temps entre l'école et l'écran de son ordinateur. Mais son univers va s'écrouler le jour où son père lui annonce leur déménagement...

Le retour de Marianne Roberts au collège Anna Caritas semble avoir enclenché une série d'événements bizarres. Face à ces forces surnaturelles étranges, William Walker n'aura pas d'autre choix que de se tourner vers celle qu'il essayait d'éviter à tout prix : Marianne.

Préparez-vous à avoir peur !...